L'HYDROGENE

100 fiches pratiques pour comprendre cet élément

Max Alecha

Avril 2024

Sommaire

1 - Qu'est-ce que l'hydrogène
2 - La découverte de l'hydrogène
3 - Les expériences pionnières de Lavoisier
4 - Propriétés physiques de l'hydrogène
5 - Propriétés chimiques de l'hydrogène
6 - L'élément le plus abondant de l'univers
7 - L'hydrogène comme élément du tableau périodique
8 - L'hydrogène et la chimie organique
9 - L'hydrogène est-il inflammable ?
10 - L'hydrogène a-t-il une odeur ?
11 - L'hydrogène est-il toxique ?
12 - L'hydrogène dans le corps humain
13 - La bombe à hydrogène
14 - L'hydrogène et la formation du système solaire
15 - L'hydrogène dans le soleil
16 - Et s'il n'y avait pas d'hydrogène ?
17 - L'origine du nom hydrogène
18 - La densité de l'hydrogène par rapport à l'air
19 - Les principaux isotopes de l'hydrogène
20 - Les propriétés acido-basiques de l'hydrogène
21 - Les acides à base d'hydrogène
22 - Les bases à base d'hydrogène

23 - L'hydrogène dans l'oxydo-réduction

24 - L'hydrogène dans la purification de l'eau

25 - Production d'hydrogène par reformage de méthane

26 - Production d'hydrogène par électrolyse de l'eau

27 - Production d'hydrogène par gazéification de la biomasse

28 - Production d'hydrogène par photolyse de l'eau

29 - Production d'hydrogène à partir du charbon

30 - Les défis du stockage

31 - Stockage sous forme de gaz comprimé

32 - Stockage sous forme liquide

33 - Stockage sous forme de composés chimiques

34 - L'alternative des véhicules à hydrogène

35 - Les avantages de l'hydrogène dans les transports

36 - La première utilisation comme gaz de levage

37 - Le mystère du dirigeable Hindenburg

38 - Les défis de l'infrastructure de ravitaillement

39 - Les trains à hydrogène : une réalité émergente

40 - L'hydrogène dans l'industrie pétrochimique

41 - L'hydrogène dans la production d'ammoniac

42 - Utilisations de l'hydrogène comme gaz de protection

43 - L'hydrogène dans les piles à combustible

44 - L'hydrogène dans l'industrie de l'acier

45 - L'hydrogène comme vecteur de stockage d'énergie

46 - Hydrogène et énergies renouvelables
47 - L'hydrogène dans les voyages spatiaux
48 - Comment fonctionne un moteur à hydrogène
49 - Utilisations dans l'industrie agro-alimentaire
50 - Production d'hydrogène alimentaire
51 - Aspects de sécurité de l'hydrogène alimentaire
52 - Les bus à hydrogène, une solution de transport propre
53 - Taxis à hydrogène, une réalité croissante
54 - La course mondiale à l'hydrogène
55 - Les enjeux stratégiques de la production d'hydrogène
56 - L'hydrogène comme facteur de puissance nationale
57 - Comment enseigner la chimie de l'hydrogène
58 - Les expériences pédagogiques sur l'hydrogène
59 - Les défis de la production à grande échelle
60 - Les coûts de l'hydrogène et leur réduction
61 - Les synergies entre l'hydrogène et l'énergie solaire
62 - L'hydrogène dans l'énergie éolienne
63 - L'hydrogène dans les projets de géothermie
64 - La prévention des fuites
65 - L'hydrogène dans les technologies de refroidissement
66 - Le greffage d'hydrogène pour modifier les polymères
67 - Les avantages de l'hydrogène dans l'exploration spatiale
68 - Les missions spatiales utilisant l'hydrogène

69 - Les constructeurs automobiles qui investissent

70 - Les avantages de l'hydrogène dans les véhicules lourds

71 - L'hydrogène dans le transport maritime

72 - L'hydrogène et la nanotechnologie

73 - L'hydrogène et la recherche sur les piles à combustible

74 - Les avantages de l'hydrogène dans l'aviation

75 - Utilisation de l'hydrogène dans l'agriculture

76 - L'hydrogène dans la production d'engrais

77 - L'hydrogène pour l'électrification des zones rurales

78 - Les applications de l'hydrogène dans les régions isolées

79 - L'hydrogène dans la création artistique

80 - L'hydrogène dans l'art culinaire

81 - L'hydrogène et la recherche pharmaceutique

82 - L'hydrogène et la biotechnologie

83 - L'hydrogène dans la teinture des vêtements

84 - L'hydrogène dans la fabrication de textiles

85 - Utilisations de l'hydrogène dans la construction

86 - L'hydrogène dans la production d'hydrocarbures

87 - Les avantages de l'hydrogène dans l'industrie pétrolière

88 - Utilisations de l'hydrogène dans l'extraction minière

89 - L'hydrogène dans la production de métaux

90 - Utilisations de l'hydrogène dans l'industrie électronique

91 - L'empreinte carbone de la production d'hydrogène

92 - Peut-on utiliser l'hydrogène de l'espace

93 - Les défis de l'hydrogène bleu

94 - Les avantages de l'hydrogène vert pour l'environnement

95 - Les partenariats publics-privés pour promouvoir l'hydrogène

96 - L'hydrogène dans l'avenir de l'énergie

97 - Les domaines actuels de recherche

98 - L'hélium peut-il concurrencer l'hydrogène

99 - L'hydrogène dans la culture populaire

100 - Les visions futuristes de l'hydrogène

1 - Qu'est-ce que l'hydrogène

L'hydrogène est un élément chimique de symbole H et de numéro atomique 1. C'est le plus simple et le plus léger des éléments de la classification périodique. Il est également le constituant principal de l'Univers, représentant environ 75 % de sa masse atomique totale. L'hydrogène est donc omniprésent dans l'espace interstellaire et joue un rôle essentiel dans la formation des étoiles et des galaxies. Sur Terre, il se trouve principalement sous forme de composés tels que l'eau (H_2O) et les hydrocarbures.

Du point de vue de sa structure atomique, l'hydrogène se compose d'un proton chargé positivement et d'un électron chargé négativement, ce qui en fait l'élément le plus simple, mais aussi l'un des plus réactifs. Il peut former des liaisons avec de nombreux autres éléments chimiques, ce qui lui confère une grande polyvalence et une variété d'applications dans divers domaines.

L'hydrogène est généralement trouvé sous forme de molécules diatomiques, où deux atomes d'hydrogène se lient pour former H_2. Cette molécule est gazeuse à température ambiante et sous pression atmosphérique normale. Elle est inodore, incolore, et non toxique. Cependant, en raison de sa faible densité, il est souvent stocké sous forme comprimée ou liquéfiée pour une utilisation pratique.

La production d'hydrogène peut être réalisée par plusieurs méthodes, les deux principales étant la réforme du méthane et l'électrolyse de l'eau. La réforme du méthane, qui utilise le gaz naturel comme matière première, est la méthode la plus courante et économiquement viable, mais elle émet également du dioxyde de carbone, ce qui peut entraîner des préoccupations environnementales. L'électrolyse de l'eau, quant à elle, utilise de l'électricité pour diviser les molécules d'eau en hydrogène et en oxygène, offrant une option plus propre lorsque l'électricité est produite à partir de sources renouvelables.

L'hydrogène est largement utilisé dans l'industrie pour diverses applications, notamment dans la production d'ammoniac pour les engrais, dans la fabrication de produits chimiques et dans le raffinage du pétrole. Il est également utilisé comme gaz de protection dans la soudure et dans l'industrie électronique pour la fabrication de semi-conducteurs.

Cependant, c'est dans le domaine de l'énergie que l'hydrogène suscite le plus d'intérêt. Les piles à combustible, qui convertissent l'hydrogène et l'oxygène en électricité et en eau, offrent une alternative prometteuse aux combustibles fossiles pour la production d'électricité et la propulsion des véhicules. Les véhicules à hydrogène, alimentés par des piles à combustible, émettent uniquement de l'eau et de la chaleur comme sous-produits, ce qui en fait une solution attrayante pour réduire les émissions de gaz à effet de serre et lutter contre le changement climatique.

En outre, l'hydrogène est également considéré comme un vecteur énergétique clé pour le stockage et le transport d'énergie à grande échelle. En utilisant de l'hydrogène produit à partir de sources d'énergie renouvelables telles que l'énergie solaire et éolienne, il est possible de stocker l'électricité excédentaire sous forme d'hydrogène et de la redistribuer lorsque cela est nécessaire, contribuant ainsi à stabiliser les réseaux électriques et à intégrer davantage d'énergies renouvelables dans le mix énergétique.

Cependant, malgré ses nombreux avantages potentiels, l'hydrogène présente également des défis importants à surmonter. La production d'hydrogène à grande échelle reste coûteuse et nécessite une quantité considérable d'énergie. De plus, le stockage et le transport sécurisés de l'hydrogène posent des problèmes logistiques et de sécurité qui doivent être résolus. En outre, l'hydrogène est actuellement largement produit à partir de combustibles fossiles, ce qui entraîne des émissions de gaz à effet de serre. Pour réaliser son potentiel en tant que vecteur énergétique durable, il est crucial de développer des méthodes de production d'hydrogène à faible émission de carbone et de mettre en place une infrastructure adaptée pour son utilisation généralisée.

L'hydrogène est un élément polyvalent avec un large éventail d'applications dans l'industrie, l'énergie et les technologies émergentes. Son potentiel en tant que vecteur énergétique propre et durable en fait un sujet de recherche et d'investissement majeur dans la transition vers une économie bas-carbone. Toutefois, pour réaliser pleinement ce potentiel, des avancées technologiques, des investissements significatifs et une coordination internationale seront nécessaires pour surmonter les défis techniques, économiques et environnementaux associés à son utilisation généralisée.

2 - La découverte de l'hydrogène

La découverte de l'hydrogène marque un jalon majeur dans l'histoire de la chimie et de la science en général. Cet élément, bien que constituant près de trois quarts de l'univers observable, a été identifié et isolé relativement tardivement par rapport à d'autres éléments chimiques. Son histoire fascinante est marquée par une série de découvertes, d'expériences et de contributions de scientifiques de différentes époques.

L'histoire de la découverte de l'hydrogène commence au XVIe siècle avec les premières expériences sur les gaz. Le philosophe grec Démocrite et le philosophe arabe Al-Razi ont été parmi les premiers à suggérer l'existence de particules invisibles et insécables qu'ils ont appelées "atomos" ou "al-kimia", ce qui a jeté les bases de la théorie atomique qui serait plus tard développée. Cependant, ce n'est qu'au XVIIe siècle que des avancées significatives ont été réalisées dans la compréhension des gaz et de leurs propriétés.

Une contribution majeure à la découverte de l'hydrogène est attribuée à l'alchimiste suisse Paracelse, qui a mené des expériences sur l'acide chlorhydrique et a remarqué la formation d'un gaz inflammable lorsqu'il était en contact avec des métaux tels que le fer. Cependant, ce gaz n'a pas été identifié comme de l'hydrogène à l'époque, mais plutôt comme un phénomène alchimique.

Au XVIIIe siècle, le chimiste suédois Georg Ernst Stahl a proposé la théorie du phlogistique pour expliquer les processus de combustion et de corrosion. Selon cette théorie, les matériaux qui brûlaient étaient censés libérer une substance appelée "phlogistique". Cette théorie a jeté les bases de la compréhension des réactions chimiques impliquant l'oxydation, y compris la découverte ultérieure de l'hydrogène.

La découverte officielle de l'hydrogène est généralement attribuée au chimiste britannique Henry Cavendish, qui l'a isolé pour la première fois en 1766. Cavendish a mené une série d'expériences dans lesquelles il a réagi de l'acide sulfurique avec des métaux, notamment du fer, pour produire un gaz inflammable. Il a remarqué que ce gaz inflammable avait des propriétés uniques, telles que sa légèreté et sa capacité à brûler en présence d'oxygène pour former de l'eau. Cavendish a appelé ce gaz "inflammable air" (air inflammable), bien qu'il ne l'ait pas identifié comme de l'hydrogène à l'époque.

Ce n'est que quelques années plus tard, en 1783, que le chimiste français Antoine Lavoisier a réalisé que le gaz inflammable découvert par Cavendish était en fait un élément à part entière. Lavoisier a nommé cet élément "hydrogène", dérivé des mots grecs "hydro" (eau) et "genes" (formateur), en raison de son rôle dans la formation de l'eau lorsqu'il brûle en présence d'oxygène.

La découverte de l'hydrogène a ouvert la voie à de nouvelles avancées dans de nombreux domaines de la science et de la technologie. Au XIXe siècle, l'hydrogène a été largement utilisé dans les ballons à gaz pour le transport et l'exploration aérienne. Il a également joué un rôle crucial dans le développement de la chimie organique, notamment dans la synthèse de composés organiques à partir de matières premières telles que le charbon et le pétrole.

Au XXe siècle, l'hydrogène est devenu un sujet d'intérêt croissant pour les scientifiques et les ingénieurs en raison de son potentiel en tant que source d'énergie propre et renouvelable. Les piles à combustible, qui convertissent l'hydrogène en électricité et en eau sans émissions nocives, ont été développées dans les années 1960 et sont aujourd'hui utilisées dans diverses applications, y compris les véhicules à hydrogène et les systèmes de stockage d'énergie.

Aujourd'hui, la recherche sur l'hydrogène se poursuit avec un intérêt renouvelé pour son utilisation comme vecteur énergétique dans la transition vers une économie bas-carbone. Des progrès sont réalisés dans le développement de méthodes de production d'hydrogène propre à partir de sources d'énergie renouvelables telles que l'énergie solaire et éolienne, ainsi que dans le stockage et la distribution sécurisés de l'hydrogène à grande échelle.

La découverte de l'hydrogène a été le fruit du travail et des contributions de nombreux scientifiques à travers les siècles. Cette découverte a non seulement enrichi notre compréhension de la chimie et de la physique, mais elle a également ouvert la voie à de nouvelles technologies et à des avancées importantes dans les domaines de l'énergie, de l'aviation, de la chimie et de bien d'autres encore. L'hydrogène continue d'être un sujet de recherche et d'innovation active, avec un potentiel prometteur pour jouer un rôle crucial dans la lutte contre le changement climatique et la transition vers une économie durable et bas-carbone.

3 - Les expériences pionnières de Lavoisier

Antoine-Laurent de Lavoisier, souvent considéré comme le père de la chimie moderne, a joué un rôle essentiel dans la compréhension de la nature de l'hydrogène au XVIIIe siècle. Ses expériences pionnières ont jeté les bases de la chimie moderne et ont ouvert la voie à de nombreuses découvertes importantes dans le domaine de la science.

Lavoisier n'a pas découvert l'hydrogène lui-même, mais il a été l'un des premiers à étudier en profondeur ses propriétés et son comportement chimique. Il a nommé l'élément "hydrogène", du grec "hydro" (eau) et "genes" (générant), en raison de sa formation lors de la décomposition de l'eau.

L'une des premières expériences de Lavoisier sur l'hydrogène a impliqué la décomposition de l'eau en oxygène et en hydrogène à l'aide d'un courant électrique. Cette expérience a démontré que l'eau n'était pas un élément indivisible, comme on le croyait auparavant, mais plutôt un composé chimique constitué d'hydrogène et d'oxygène.

Lavoisier a également mené des expériences sur la combustion de l'hydrogène, démontrant que ce gaz inflammable brûlait pour former de l'eau lorsqu'il était combiné avec de l'oxygène. Il a développé la théorie selon laquelle la combustion était une réaction chimique qui impliquait une combinaison de substances avec le dioxygène de l'air.

Ce qui a rendu les expériences de Lavoisier si révolutionnaires, c'est sa rigueur scientifique et son utilisation de la balance pour mesurer précisément les réactifs et les produits de ses réactions chimiques. En utilisant cette approche quantitative, il a pu établir des lois fondamentales de la chimie, dont la conservation de la masse.

Les expériences de Lavoisier sur l'hydrogène ont contribué à réfuter la théorie du phlogistique, qui était largement acceptée à l'époque. Selon cette théorie, la combustion impliquait la libération d'une substance appelée "phlogiston". Lavoisier a montré que la combustion était en fait une réaction d'oxydation, où les substances gagnaient de l'oxygène plutôt que de perdre du phlogiston.

En combinant ses expériences sur l'hydrogène avec d'autres observations sur les réactions chimiques, Lavoisier a développé la théorie des éléments chimiques, qui postulait que tous les composés chimiques étaient constitués d'éléments indivisibles. Cette théorie a jeté les bases de la chimie moderne et a révolutionné notre compréhension de la matière.

Lavoisier a également contribué à l'établissement d'une nomenclature chimique systématique en proposant des noms pour de nombreux éléments chimiques, y compris l'hydrogène. Ses conventions de nomenclature ont été largement adoptées et sont toujours utilisées dans la chimie moderne.

Les expériences de Lavoisier sur l'hydrogène ont marqué le début de la chimie moderne en jetant les bases de la méthode scientifique moderne et en établissant des principes fondamentaux de la chimie. Son travail a ouvert la voie à des avancées majeures dans de nombreux domaines de la science et continue d'influencer la recherche chimique aujourd'hui.

Bien que son travail ait été initialement controversé, Lavoisier est finalement devenu largement reconnu comme l'un des plus grands chimistes de tous les temps. Son influence sur le développement de la chimie moderne est incontestable, et il est souvent considéré comme l'un des fondateurs de la science moderne.

Les expériences de Lavoisier sur l'hydrogène ont inspiré de nombreux scientifiques et chercheurs à poursuivre ses travaux et à explorer davantage les mystères de la chimie. Son approche rigoureuse et méthodique de la recherche scientifique reste un exemple pour les chercheurs d'aujourd'hui, et son impact sur la science perdure à travers les âges.

4 - Propriétés physiques de l'hydrogène

Les propriétés physiques de l'hydrogène, élément chimique le plus simple et le plus léger de l'univers, jouent un rôle crucial dans divers domaines de la science et de la technologie. Comprendre ces propriétés est essentiel pour exploiter pleinement le potentiel de l'hydrogène dans des applications allant de l'industrie chimique à l'aérospatiale, en passant par les énergies renouvelables.

Tout d'abord, l'hydrogène est un gaz à température ambiante et sous pression atmosphérique normale. À ces conditions, il se trouve sous forme de molécules diatomiques, H_2, composées de deux atomes d'hydrogène liés par une liaison covalente. En raison de sa molécule simple et légère, l'hydrogène possède la plus faible masse molaire de tous les gaz, ce qui en fait le gaz le plus léger de tous. Cette légèreté confère à l'hydrogène des propriétés uniques qui le distinguent des autres gaz.

L'une des propriétés physiques les plus remarquables de l'hydrogène est sa densité extrêmement faible. À température ambiante et sous pression atmosphérique normale, sa densité est d'environ 0,0899 g/L, soit environ 14 fois moins dense que l'air. Cette faible densité signifie que l'hydrogène a tendance à s'échapper facilement dans l'atmosphère, ce qui présente des défis pour son stockage et son transport en toute sécurité.

Une autre propriété importante de l'hydrogène est son point d'ébullition extrêmement bas. À pression atmosphérique normale, l'hydrogène passe de l'état gazeux à l'état liquide à une température de seulement -252,87 °C, soit à quelques degrés au-dessus du zéro absolu. Cette température très basse rend l'hydrogène liquide extrêmement froid et nécessite des équipements spéciaux pour le manipuler en toute sécurité.

En ce qui concerne ses propriétés thermiques, l'hydrogène possède une capacité thermique molaire relativement faible par rapport à d'autres gaz. Cela signifie qu'il peut absorber ou libérer relativement peu de chaleur par unité de masse lorsqu'il est chauffé ou refroidi. De plus, l'hydrogène a une conductivité thermique élevée, ce qui signifie qu'il peut transférer la chaleur efficacement lorsqu'il est en contact avec d'autres matériaux.

L'hydrogène a également une conductivité électrique élevée, bien que ce ne soit pas un métal. Il peut conduire l'électricité mieux que la plupart des autres gaz, bien que ce ne soit pas aussi efficace que les métaux. Cette propriété en fait un candidat prometteur pour une utilisation dans les piles à combustible, où l'électricité est générée par une réaction chimique entre l'hydrogène et l'oxygène.

Un autre aspect important des propriétés physiques de l'hydrogène est sa solubilité dans les solvants, y compris l'eau. Bien que l'hydrogène soit généralement peu soluble dans les liquides, il peut être dissous dans certains solvants organiques et aqueux à des concentrations variables. Cette solubilité est utilisée dans certaines applications, notamment dans la synthèse chimique et l'analyse des gaz.

Enfin, il convient de noter les propriétés de combustion de l'hydrogène, qui sont largement exploitées dans les applications énergétiques. L'hydrogène brûle avec une flamme propre et presque invisible lorsqu'il est combiné avec de l'oxygène, produisant de la chaleur et de l'eau comme seuls sous-produits. Cette combustion peut être contrôlée pour générer de la chaleur dans les chaudières à hydrogène ou pour alimenter des moteurs à combustion interne dans les véhicules à hydrogène.

Les propriétés physiques de l'hydrogène en font un élément unique avec un large éventail d'applications dans la science et la technologie. Sa faible densité, son point d'ébullition bas, sa conductivité thermique et électrique élevée, ainsi que sa solubilité dans les solvants en font un matériau précieux pour de nombreuses applications, de l'industrie chimique à la propulsion spatiale. Comprendre ces propriétés est essentiel pour exploiter pleinement le potentiel de l'hydrogène comme source d'énergie propre et durable dans la transition vers une économie bas-carbone.

5 - Propriétés chimiques de l'hydrogène

Les propriétés chimiques de l'hydrogène sont aussi fascinantes que ses propriétés physiques. En tant qu'élément le plus simple de la classification périodique, l'hydrogène possède des caractéristiques uniques qui le rendent essentiel dans de nombreuses réactions chimiques et processus industriels.

L'une des propriétés chimiques les plus fondamentales de l'hydrogène est son affinité pour d'autres éléments, en particulier l'oxygène, le carbone et l'azote. L'hydrogène forme des liaisons covalentes avec ces éléments pour former une grande variété de composés, des hydrocarbures simples comme le méthane (CH_4) aux composés organiques complexes comme les protéines et les acides nucléiques. Cette capacité de l'hydrogène à former des liaisons avec d'autres éléments est essentielle pour la formation de molécules biologiques et la synthèse de nombreux produits chimiques industriels.

Une autre propriété chimique importante de l'hydrogène est son pouvoir réducteur élevé. En raison de sa structure atomique simple, l'hydrogène a une tendance à perdre des électrons lorsqu'il réagit avec d'autres substances. Cette capacité de l'hydrogène à agir en tant qu'agent réducteur est largement exploitée dans les réactions de réduction-oxydation (redox) et dans de nombreuses réactions chimiques, telles que la réduction des métaux à partir de leurs minerais et la production de composés organiques à partir de précurseurs.

L'hydrogène peut également réagir avec l'oxygène pour former de l'eau dans une réaction exothermique, c'est-à-dire une réaction qui libère de la chaleur. Cette réaction est connue sous le nom de combustion de l'hydrogène et est largement utilisée dans les applications énergétiques, y compris dans les piles à combustible et les moteurs à combustion interne des véhicules à hydrogène. L'eau produite lors de la combustion de l'hydrogène est un sous-produit propre et respectueux de l'environnement, ce qui en fait une source d'énergie attrayante pour la transition vers une économie bas-carbone.

Une autre réaction chimique importante de l'hydrogène est sa réactivité avec les métaux pour former des hydrures métalliques. Lorsqu'il est chauffé en présence de certains métaux, tels que le palladium et le platine, l'hydrogène peut être absorbé dans la structure cristalline du métal pour former un composé solide appelé hydrure métallique. Ces hydrures métalliques sont utilisés comme moyen de stockage d'hydrogène dans certaines applications, car ils permettent de stocker l'hydrogène sous une forme compacte et sûre.

En plus de ses réactions avec d'autres éléments, l'hydrogène peut également former des liaisons hydrogène avec des molécules contenant des atomes d'oxygène, d'azote ou de fluor. Ces liaisons hydrogène sont des interactions intermoléculaires faibles, mais elles jouent un rôle crucial dans la structure et les propriétés de nombreuses substances, telles que l'eau, l'ADN et les protéines. Les liaisons hydrogène contribuent à la cohésion des molécules et à la formation de structures tridimensionnelles stables, ce qui est essentiel pour la vie et la chimie organique.

Enfin, il convient de noter les réactions d'hydrogénation, dans lesquelles l'hydrogène est ajouté à une molécule insaturée pour former une molécule saturée. Ces réactions sont largement utilisées dans l'industrie chimique pour la production de produits chimiques organiques tels que les graisses, les huiles et les plastiques. L'hydrogénation catalytique est également utilisée dans le raffinage du pétrole pour convertir les fractions pétrolières insaturées en produits plus stables et plus utilisables.

Les propriétés chimiques de l'hydrogène jouent un rôle essentiel dans de nombreux processus et applications chimiques. Sa capacité à former des liaisons avec d'autres éléments, son pouvoir réducteur élevé et sa réactivité avec l'oxygène et les métaux en font un élément polyvalent avec un large éventail d'applications, de la synthèse chimique à la production d'énergie. Comprendre ces propriétés chimiques est essentiel pour exploiter pleinement le potentiel de l'hydrogène dans la recherche de solutions durables et innovantes dans de nombreux domaines de la science et de la technologie.

6 - L'élément le plus abondant de l'univers

L'hydrogène est l'élément le plus abondant dans l'univers, représentant environ 75 % de sa masse atomique totale. Cette abondance d'hydrogène est l'une des caractéristiques fondamentales de l'univers et a des implications majeures dans la cosmologie, la physique et la chimie.

La prépondérance de l'hydrogène dans l'univers est le résultat de plusieurs facteurs. Tout d'abord, l'hydrogène est l'un des éléments les plus simples de la classification périodique, composé d'un seul proton et d'un électron. Cette simplicité atomique signifie que l'hydrogène est produit dans les premières étapes de la formation de l'univers, peu après le Big Bang, lorsque les conditions étaient extrêmement chaudes et denses. Pendant cette période, connue sous le nom de nucléosynthèse primordiale, des réactions nucléaires ont converti une grande partie de la matière en hydrogène et en hélium, les éléments les plus simples.

De plus, l'hydrogène est produit en quantités massives dans les étoiles par le processus de fusion nucléaire. Dans les cœurs stellaires, la chaleur et la pression extrêmes provoquent la fusion de l'hydrogène en hélium, libérant une quantité énorme d'énergie sous forme de lumière et de chaleur. Cette réaction de fusion nucléaire est la source principale d'énergie pour les étoiles, y compris notre soleil, et est responsable de la production continue d'hydrogène dans l'univers.

En raison de sa légèreté et de son abondance, l'hydrogène est également un constituant principal des nuages moléculaires interstellaires, vastes régions de gaz et de poussière où naissent de nouvelles étoiles et systèmes planétaires. Ces nuages moléculaires sont des environnements riches en hydrogène, ainsi qu'en autres éléments chimiques nécessaires à la formation d'étoiles, de planètes et, éventuellement, de vie.

L'hydrogène a également joué un rôle clé dans l'évolution et la structure de l'univers tel que nous le connaissons aujourd'hui. Pendant les premiers instants après le Big Bang, l'hydrogène a été le principal composant du plasma chaud et dense qui remplissait l'univers. Alors que l'univers s'est refroidi et dilaté, le plasma s'est progressivement refroidi pour former des atomes d'hydrogène neutres, ce qui a permis à la lumière de voyager librement à travers l'espace, créant la radiation cosmique de fond.

L'abondance d'hydrogène dans l'univers a également des implications importantes pour la recherche en astronomie et en astrophysique. Les observations de l'hydrogène dans différentes parties de l'univers, telles que les émissions radio provenant de nuages moléculaires ou les spectres d'absorption de l'hydrogène dans le spectre des étoiles, fournissent aux astronomes des informations cruciales sur la structure, la composition et l'histoire de l'univers. De plus, l'hydrogène est souvent utilisé comme indicateur de la présence d'autres éléments et de processus astrophysiques, tels que la formation d'étoiles et de galaxies.

Sur Terre, l'hydrogène se trouve principalement sous forme de composés tels que l'eau (H_2O) et les hydrocarbures, ainsi que dans l'atmosphère sous forme de gaz. Bien que l'hydrogène soit moins abondant sur Terre que dans l'espace, il joue néanmoins un rôle important dans de nombreux processus géologiques, biologiques et industriels. Par exemple, l'eau, qui est composée d'hydrogène et d'oxygène, est essentielle à la vie telle que nous la connaissons, tandis que les hydrocarbures sont des sources importantes d'énergie et de matières premières pour l'industrie chimique.

L'hydrogène est l'élément le plus abondant dans l'univers, jouant un rôle crucial dans la formation, l'évolution et la structure de l'univers tel que nous le connaissons aujourd'hui. Sa prépondérance dans l'espace, ainsi que sur Terre, en fait un sujet d'intérêt majeur pour les scientifiques dans de nombreux domaines, de la cosmologie à la chimie, en passant par l'astronomie et l'astrophysique. Comprendre l'abondance et les propriétés de l'hydrogène est essentiel pour élargir notre compréhension de l'univers et de notre place en son sein.

7 - L'hydrogène comme élément du tableau périodique

L'hydrogène est un élément chimique fondamental qui occupe une place unique dans le tableau périodique. Bien qu'il soit le plus simple des éléments, avec seulement un proton et un électron, son importance dépasse de loin sa simplicité atomique.

Dans le tableau périodique, l'hydrogène est placé dans le groupe 1 et la période 1. Il est classé comme un métal alcalin bien que ses propriétés diffèrent considérablement de celles des autres membres de ce groupe. Contrairement aux autres métaux alcalins, tels que le lithium, le sodium et le potassium, l'hydrogène est un gaz à température ambiante et sous pression atmosphérique normale. Cette disposition inhabituelle dans le tableau périodique reflète les propriétés physiques et chimiques uniques de l'hydrogène.

En tant qu'élément le plus léger de tous, l'hydrogène a la plus faible masse molaire de tous les éléments, ce qui en fait le gaz le plus léger de tous. Sa molécule diatomique, H_2, est la plus simple et la plus petite molécule dans l'univers observable. Cette légèreté et cette simplicité atomique confèrent à l'hydrogène des propriétés physiques et chimiques uniques qui le distinguent des autres éléments.

L'une des caractéristiques les plus remarquables de l'hydrogène est son affinité élevée pour l'oxygène, le carbone et d'autres éléments, ce qui lui permet de former une grande variété de composés. Par exemple, l'hydrogène réagit avec l'oxygène pour former de l'eau (H_2O) et avec le carbone pour former des hydrocarbures tels que le méthane (CH_4). Ces réactions sont à la base de nombreuses réactions chimiques et processus naturels, y compris la respiration cellulaire, la combustion et la photosynthèse.

De plus, l'hydrogène peut former des liaisons hydrogène avec d'autres molécules, ce qui lui confère des propriétés spéciales dans la chimie organique et la biochimie. Les liaisons hydrogène sont des interactions intermoléculaires faibles mais importantes qui influencent la structure, la stabilité et les propriétés des molécules et des composés. Par exemple, les liaisons hydrogène sont essentielles à la structure de l'ADN et des protéines, ainsi qu'à de nombreuses autres réactions chimiques dans les organismes vivants.

En plus de ses propriétés chimiques, l'hydrogène joue également un rôle crucial dans la physique et d'autres domaines scientifiques. Par exemple, l'hydrogène est utilisé comme vecteur énergétique dans les piles à combustible, où il réagit avec l'oxygène pour produire de l'électricité et de l'eau, sans émissions nocives. Les piles à combustible sont considérées comme une technologie prometteuse pour la production d'énergie propre et durable, avec des applications potentielles dans les transports, la production d'électricité et d'autres domaines.

De plus, l'hydrogène est un élément clé dans la compréhension de la structure et de l'évolution de l'univers. En tant que composant principal des étoiles et des nuages moléculaires interstellaires, l'hydrogène fournit des informations cruciales sur la formation des étoiles, des galaxies et des systèmes planétaires. Les observations de l'hydrogène dans différentes parties de l'univers, telles que les émissions radio provenant de nuages moléculaires ou les spectres d'absorption de l'hydrogène dans le spectre des étoiles, fournissent des informations précieuses sur la structure, la composition et l'histoire de l'univers.

L'hydrogène occupe une place unique et importante dans le tableau périodique, avec des propriétés physiques et chimiques uniques qui le distinguent des autres éléments. Sa simplicité atomique, sa légèreté et son affinité pour d'autres éléments en font un élément polyvalent avec des applications dans de nombreux domaines de la science et de la technologie. Comprendre la position de l'hydrogène dans le tableau périodique et ses propriétés spéciales est essentiel pour explorer son potentiel dans la recherche de solutions innovantes et durables dans de nombreux domaines scientifiques et industriels.

8 - L'hydrogène et la chimie organique

L'hydrogène joue un rôle central dans la chimie organique, une branche de la chimie qui étudie les composés contenant du carbone. En tant qu'élément chimique le plus simple et le plus abondant de l'univers, l'hydrogène est présent dans une grande variété de composés organiques et joue un rôle crucial dans leur structure, leurs propriétés et leurs réactions.

Tout d'abord, l'hydrogène est un élément essentiel des composés organiques, se liant souvent au carbone, à l'oxygène, à l'azote et à d'autres atomes pour former des molécules complexes. Par exemple, les hydrocarbures, qui sont des composés organiques constitués uniquement d'hydrogène et de carbone, sont une classe importante de composés organiques. Les hydrocarbures comprennent des molécules simples telles que le méthane (CH_4), l'éthane (C_2H_6) et le propane (C_3H_8), ainsi que des molécules plus complexes comme les alcanes, les alcènes et les alcynes.

En plus de sa présence dans les hydrocarbures, l'hydrogène est également présent dans de nombreux autres composés organiques sous forme de groupements fonctionnels tels que les groupes hydroxyle (-OH), les groupes amine ($-NH_2$) et les groupes carbonyle (-C=O). Ces groupes fonctionnels sont essentiels à la chimie organique car ils déterminent les propriétés chimiques et physiques des composés organiques et influencent leur réactivité et leur comportement dans les réactions chimiques.

L'hydrogène est également un élément clé dans de nombreuses réactions chimiques organiques. Par exemple, dans les réactions de combustion, l'hydrogène réagit avec l'oxygène pour former de l'eau et libérer de l'énergie sous forme de chaleur et de lumière. Cette réaction est utilisée dans de nombreux processus industriels et énergétiques, y compris la production d'énergie dans les piles à combustible et la combustion des carburants fossiles dans les moteurs à combustion interne.

De plus, l'hydrogène est souvent utilisé comme agent de réduction dans les réactions de réduction-oxydation (redox) en chimie organique. En tant qu'agent réducteur, l'hydrogène peut transférer des électrons à d'autres substances, réduisant ainsi leur nombre d'oxydation et formant de nouveaux composés. Par exemple, dans la réduction des aldéhydes et des cétones en alcools, l'hydrogène réagit avec les groupes carbonyle pour former des groupes hydroxyle, transformant ainsi les composés carbonylés en alcools.

Les réactions d'hydrogénation, dans lesquelles l'hydrogène est ajouté à une molécule insaturée pour former une molécule saturée, sont également importantes en chimie organique. Par exemple, dans l'hydrogénation des acides gras insaturés pour former des acides gras saturés, l'hydrogène est ajouté aux liaisons doubles présentes dans la chaîne carbonée, transformant ainsi les acides gras insaturés en acides gras saturés. Cette réaction est utilisée dans l'industrie alimentaire pour produire des graisses solides à partir d'huiles liquides, comme dans la production de margarine à partir d'huiles végétales.

En plus de ses applications dans la chimie organique traditionnelle, l'hydrogène joue également un rôle important dans la chimie biologique et la biochimie. Par exemple, l'hydrogène est un élément constitutif des molécules biologiques telles que l'eau, les glucides, les lipides et les protéines, qui sont essentiels à la vie telle que nous la connaissons. De plus, l'hydrogène est impliqué dans de nombreux processus biologiques vitaux, tels que la respiration cellulaire, la synthèse des protéines et la photosynthèse.

L'hydrogène joue un rôle central et polyvalent dans la chimie organique, en étant présent dans une grande variété de composés organiques et en participant à de nombreuses réactions chimiques. Son importance dans la chimie organique, la biochimie et d'autres domaines scientifiques est indéniable, et sa polyvalence en fait un élément essentiel dans de nombreux processus biologiques, industriels et énergétiques. Comprendre le rôle de l'hydrogène dans la chimie organique est essentiel pour explorer son potentiel dans la recherche de solutions innovantes et durables dans de nombreux domaines scientifiques et industriels.

9 - L'hydrogène est-il inflammable ?

C'est une question qui suscite souvent des débats et des préoccupations, en particulier en ce qui concerne son utilisation comme source d'énergie alternative.

L'hydrogène est en effet inflammable. En tant que gaz hautement réactif, il peut s'enflammer facilement en présence d'une source d'ignition. Cette propriété inflammable découle de sa réactivité chimique élevée et de sa large plage de concentration d'explosivité dans l'air, ce qui signifie qu'il peut former un mélange explosif à des concentrations relativement faibles.

Cependant, il est important de noter que l'hydrogène n'est pas le seul gaz inflammable. De nombreux autres gaz couramment utilisés, tels que le méthane (gaz naturel) et le propane (gaz de pétrole liquéfié), sont également inflammables. Ce qui distingue l'hydrogène, c'est sa légèreté et sa tendance à s'échapper rapidement dans l'atmosphère en cas de fuite, ce qui peut accroître le risque d'incendie ou d'explosion s'il n'est pas correctement maîtrisé.

Les risques associés à l'utilisation de l'hydrogène comme source d'énergie peuvent être atténués par la mise en œuvre de mesures de sécurité appropriées. Cela comprend la conception et la construction de systèmes de stockage, de distribution et d'utilisation d'hydrogène conformes aux normes de sécurité en vigueur, ainsi que la formation adéquate du personnel sur les bonnes pratiques de manipulation de l'hydrogène.

En outre, des systèmes de détection des fuites d'hydrogène et des dispositifs d'arrêt d'urgence doivent être installés pour détecter et réagir rapidement en cas de fuite. Les équipements et les installations utilisant de l'hydrogène doivent également être conçus pour minimiser les risques d'accumulation de gaz et de formation de mélange explosif.

Malgré ces précautions, il est important de reconnaître que l'utilisation de l'hydrogène présente des risques inhérents, tout comme l'utilisation d'autres sources d'énergie. Cependant, avec une planification adéquate, une conception sûre et une surveillance continue, ces risques peuvent être gérés de manière efficace pour garantir un environnement de travail sûr et sécurisé.

Il convient également de souligner que l'hydrogène offre plusieurs avantages en tant que source d'énergie propre et durable, notamment son abondance, son potentiel d'utilisation dans divers secteurs et son absence d'émissions de gaz à effet de serre lorsqu'il est utilisé dans des applications à pile à combustible. Par conséquent, bien que l'hydrogène soit inflammable, il peut être utilisé de manière sûre et responsable avec les précautions appropriées, contribuant ainsi à la transition vers un avenir énergétique plus propre et plus durable.

10 - L'hydrogène a-t-il une odeur ?

L'hydrogène est un gaz inodore, ce qui signifie qu'il ne possède pas d'odeur distincte dans sa forme pure. Cette particularité peut poser des défis en matière de détection de fuites d'hydrogène, car il est difficile de repérer le gaz par son odeur seule. Cependant, malgré son absence naturelle d'odeur, l'hydrogène peut parfois acquérir une odeur perceptible en raison de contaminants ou d'additifs présents dans les installations ou les processus où il est utilisé.

L'absence d'odeur de l'hydrogène peut être attribuée à sa composition moléculaire simple, constituée de deux atomes d'hydrogène (H_2) qui ne produisent pas d'odeur distincte lorsqu'ils sont présents à l'état gazeux. Contrairement à d'autres gaz tels que le gaz naturel ou le propane, qui sont souvent odorants pour des raisons de sécurité, l'hydrogène n'est pas naturellement odorant et ne peut donc pas être détecté par l'odorat humain.

Cependant, bien que l'hydrogène soit inodore dans sa forme pure, il est parfois mélangé à des additifs odorants dans certaines applications pour des raisons de sécurité. Cela est particulièrement important dans les systèmes où l'hydrogène est utilisé à des fins domestiques ou industrielles, où il est essentiel de détecter rapidement les fuites potentielles. Les additifs odorants, tels que le tétrahydrosulfure de carbone (THSC), sont ajoutés à de faibles concentrations pour donner à l'hydrogène une odeur distinctive et reconnaissable en cas de fuite.

En plus des additifs odorants, l'hydrogène peut parfois acquérir une odeur perceptible en raison de contaminants présents dans les installations ou les processus où il est utilisé. Par exemple, des impuretés telles que le soufre, le mercaptan ou d'autres composés organiques volatils peuvent être présents dans les gaz d'échappement ou les déchets de processus industriels, donnant à l'hydrogène une odeur caractéristique.

En ce qui concerne la sécurité, la perception olfactive de l'hydrogène peut jouer un rôle crucial dans la détection des fuites et la prévention des accidents. Cependant, il est important de noter que l'ajout d'additifs odorants peut modifier les propriétés physiques et chimiques de l'hydrogène, ce qui peut nécessiter des précautions supplémentaires lors de son utilisation.

Par conséquent, bien que l'hydrogène soit un gaz inodore dans sa forme pure, il peut acquérir une odeur perceptible en raison d'additifs odorants ou de contaminants présents dans son environnement. Cette absence naturelle d'odeur peut poser des défis en matière de détection de fuites, mais des mesures de sécurité appropriées, telles que l'utilisation d'additifs odorants et la surveillance continue des installations, peuvent contribuer à assurer une utilisation sûre et responsable de l'hydrogène dans une variété d'applications industrielles, commerciales et domestiques.

11 - L'hydrogène est-il toxique ?

L'hydrogène est un gaz incolore, inodore et non toxique lorsqu'il est utilisé dans des conditions normales. Sa non-toxicité est l'une des raisons pour lesquelles il est considéré comme une source d'énergie propre et sûre dans de nombreuses applications. Cependant, bien que l'hydrogène soit généralement considéré comme non toxique, il peut présenter des risques pour la santé et la sécurité dans certaines circonstances particulières.

Lorsqu'il est inhalé à des concentrations élevées, l'hydrogène peut devenir un gaz asphyxiant, ce qui signifie qu'il peut remplacer l'oxygène dans l'air et entraîner une privation d'oxygène dans le corps. Cela peut conduire à des symptômes tels que des étourdissements, des vertiges, des nausées, des maux de tête et, dans les cas graves, une perte de conscience et même la mort par asphyxie. Cependant, il est important de noter que les concentrations d'hydrogène nécessaires pour provoquer une asphyxie sont généralement beaucoup plus élevées que celles rencontrées dans des conditions normales.

Par ailleurs, bien que l'hydrogène soit non toxique en soi, il peut réagir avec d'autres substances présentes dans l'environnement pour former des composés potentiellement toxiques. Par exemple, en présence de certains métaux, tels que le platine ou le palladium, l'hydrogène peut former des composés organométalliques qui peuvent être toxiques pour les organismes vivants. De plus, en cas de combustion incomplète de l'hydrogène, des sous-produits tels que le monoxyde de carbone (CO) peuvent être produits, ce qui peut être nocif s'il est inhalé en quantités importantes.

Dans le cadre de la sécurité industrielle, la manipulation de l'hydrogène nécessite des précautions spéciales pour éviter les accidents et les expositions potentiellement dangereuses. Par exemple, les fuites d'hydrogène doivent être rapidement détectées et corrigées pour éviter une accumulation de gaz dans des espaces confinés. De plus, les équipements utilisés pour stocker, transporter et manipuler l'hydrogène doivent être conçus pour résister aux pressions élevées et aux conditions de fonctionnement extrêmes, afin de minimiser les risques de fuites ou de défaillance des équipements.

En ce qui concerne la santé publique, l'utilisation de l'hydrogène comme source d'énergie dans les applications domestiques et commerciales doit être réglementée et surveillée pour minimiser les risques pour la santé. Par exemple, dans les systèmes de chauffage à l'hydrogène ou les appareils de cuisine alimentés à l'hydrogène, des mesures de sécurité telles que la ventilation adéquate et la détection des fuites doivent être mises en place pour protéger les occupants des bâtiments contre les risques d'exposition à des concentrations dangereuses d'hydrogène.

Bien que l'hydrogène soit généralement considéré comme non toxique, il peut présenter des risques pour la santé et la sécurité dans certaines circonstances. Les risques d'asphyxie et d'exposition à des composés toxiques doivent être pris en compte lors de la manipulation et de l'utilisation de l'hydrogène, et des mesures de sécurité appropriées doivent être mises en place pour minimiser ces risques. En suivant les bonnes pratiques de sécurité et en se conformant aux réglementations en vigueur, l'hydrogène peut être utilisé de manière sûre et efficace comme source d'énergie propre et durable dans une variété d'applications industrielles, commerciales et domestiques.

12 - L'hydrogène dans le corps humain

L'hydrogène joue un rôle essentiel dans le corps humain, bien que souvent négligé en comparaison avec d'autres éléments comme l'oxygène, le carbone et l'azote. Pourtant, l'hydrogène est présent dans de nombreuses molécules biologiques et participe à divers processus vitaux.

Tout d'abord, l'hydrogène est un composant essentiel de l'eau, qui est la principale substance constitutive du corps humain. Environ 60 % du poids corporel moyen est constitué d'eau, et chaque molécule d'eau est composée de deux atomes d'hydrogène et d'un atome d'oxygène. L'eau est indispensable à la vie humaine, participant à de nombreux processus biologiques vitaux, tels que la régulation de la température corporelle, le transport des nutriments et des déchets, la lubrification des articulations et la régulation des réactions chimiques dans le corps.

De plus, l'hydrogène est présent dans de nombreuses autres molécules biologiques importantes. Par exemple, l'hydrogène est présent dans les glucides, les lipides, les protéines et les acides nucléiques, qui sont les principaux constituants des cellules et des tissus du corps. Les glucides, lipides et protéines sont des sources d'énergie pour le corps, fournissant les calories nécessaires au fonctionnement des organes et des muscles. Les acides nucléiques, tels que l'ADN et l'ARN, contiennent également de l'hydrogène et sont essentiels à la transmission de l'information génétique et à la synthèse des protéines.

De plus, l'hydrogène joue un rôle important dans de nombreux processus biochimiques vitaux. Par exemple, l'hydrogène est impliqué dans la respiration cellulaire, un processus métabolique dans lequel les cellules utilisent l'oxygène pour convertir les nutriments en énergie utilisable sous forme d'adénosine triphosphate (ATP). Dans la chaîne de transport des électrons de la respiration cellulaire, l'hydrogène est transporté par des coenzymes tels que le nicotinamide adénine dinucléotide (NADH) et le flavine adénine dinucléotide (FADH2), fournissant les électrons nécessaires à la production d'ATP.

De plus, l'hydrogène est impliqué dans la régulation du pH corporel, qui est essentiel au maintien de l'homéostasie et au bon fonctionnement des enzymes et des protéines dans le corps. Les ions hydrogène (H+) sont impliqués dans la régulation du pH sanguin et cellulaire, agissant comme des acides ou des bases pour maintenir un équilibre optimal entre l'acidité et l'alcalinité dans le corps. Un déséquilibre du pH corporel peut entraîner des problèmes de santé graves, tels que l'acidose ou l'alcalose.

En outre, l'hydrogène a récemment suscité un intérêt croissant dans le domaine de la médecine et de la recherche sur la santé en raison de ses propriétés antioxydantes et anti-inflammatoires. Des études préliminaires suggèrent que l'hydrogène moléculaire, sous forme de gaz dihydrogène (H2) ou d'eau enrichie en hydrogène (eau hydrogénée), pourrait avoir des effets bénéfiques sur la santé en réduisant le stress oxydatif, en atténuant l'inflammation et en favorisant la régénération cellulaire.

Certains chercheurs ont également exploré le potentiel de l'hydrogène en tant que traitement médical pour diverses affections, notamment les maladies inflammatoires, les maladies cardiovasculaires, ainsi que les maladies neurodégénératives et les lésions tissulaires. Des études préliminaires sur des modèles animaux et des essais cliniques préliminaires chez l'homme suggèrent que l'hydrogène moléculaire pourrait avoir des effets protecteurs et thérapeutiques dans ces conditions, bien que des recherches supplémentaires soient nécessaires pour déterminer son efficacité et ses mécanismes d'action.

L'hydrogène joue un rôle crucial dans le corps humain, participant à de nombreux processus biologiques vitaux et influençant la santé et le bien-être. En tant que composant essentiel de l'eau et de nombreuses autres molécules biologiques, l'hydrogène est indispensable à la vie humaine et à la fonctionnement optimal du corps. De plus, des recherches récentes suggèrent que l'hydrogène moléculaire pourrait avoir des effets bénéfiques sur la santé en tant qu'agent anti-oxydant et anti-inflammatoire, ouvrant la voie à de nouvelles applications dans la médecine et la recherche sur la santé.

13 - La bombe à hydrogène

La bombe à hydrogène, également connue sous le nom de bombe thermonucléaire, est l'une des armes les plus destructrices jamais développées par l'humanité. Elle tire son nom de son principal élément explosif, l'hydrogène, qui est utilisé pour déclencher une réaction de fusion nucléaire extrêmement puissante.

La bombe à hydrogène repose sur le principe de la fusion nucléaire, qui consiste à fusionner des noyaux d'atomes légers pour former des noyaux plus lourds, libérant ainsi une quantité massive d'énergie. Contrairement à la fission nucléaire, qui est utilisée dans les bombes atomiques traditionnelles, la fusion nucléaire nécessite des températures et des pressions extrêmement élevées pour être initiée.

Le processus de détonation d'une bombe à hydrogène est complexe et implique généralement plusieurs étapes. Tout d'abord, une bombe à fission nucléaire conventionnelle est utilisée comme amorce pour libérer une grande quantité de chaleur et de pression, créant ainsi les conditions idéales pour déclencher la fusion nucléaire de l'hydrogène. Ensuite, une réaction de fusion entre les isotopes d'hydrogène, tels que le deutérium et le tritium, libère une énorme quantité d'énergie sous forme de chaleur, de lumière et de radiation.

La puissance destructrice d'une bombe à hydrogène est incomparablement plus grande que celle des bombes atomiques classiques. Alors que les bombes atomiques libèrent de l'énergie en fendant les noyaux d'atomes lourds tels que l'uranium ou le plutonium, les bombes à hydrogène exploitent la fusion des noyaux d'hydrogène, ce qui libère beaucoup plus d'énergie par unité de masse.

La bombe à hydrogène a été développée pour la première fois pendant la guerre froide, en réponse aux progrès technologiques des superpuissances nucléaires de l'époque. Son invention a déclenché une course aux armements sans précédent entre les États-Unis et l'Union soviétique, alimentant les craintes d'une guerre nucléaire totale et poussant le monde au bord de l'apocalypse.

Les conséquences d'une explosion de bombe à hydrogène sont cataclysmiques. Outre les destructions massives causées par l'explosion elle-même, les retombées radioactives peuvent contaminer des régions entières, entraînant des effets à long terme sur la santé humaine, l'environnement et la biodiversité. De plus, une utilisation généralisée de telles armes pourrait précipiter l'humanité dans une ère de destruction et de souffrance inimaginables.

Face à la menace persistante posée par les armes nucléaires, de nombreux pays et organisations internationales ont plaidé en faveur du désarmement nucléaire et de la non-prolifération des armes de destruction massive. Des traités tels que le Traité sur la non-prolifération des armes nucléaires (TNP) et le Traité d'interdiction complète des essais nucléaires (TICE) ont été adoptés dans le but de limiter la prolifération des armes nucléaires et de prévenir une catastrophe mondiale.

La bombe à hydrogène représente l'apogée de la technologie destructrice de l'humanité, capable de causer des dommages et des souffrances incommensurables à l'échelle mondiale.

Son développement et son utilisation soulèvent des questions éthiques et morales fondamentales sur la nature de la guerre et de la violence, et mettent en lumière la nécessité urgente de promouvoir la paix, la coopération internationale et la diplomatie pour prévenir une catastrophe nucléaire mondiale.

14 - L'hydrogène et la formation du système solaire

L'hydrogène, l'élément le plus abondant dans l'univers, a joué un rôle crucial dans la formation du système solaire tel que nous le connaissons aujourd'hui. L'histoire de notre système solaire est étroitement liée à la présence et à l'interaction de l'hydrogène avec d'autres éléments et processus cosmiques. Pour mieux comprendre cette relation, il est essentiel d'explorer le rôle de l'hydrogène dans la formation et l'évolution du système solaire.

La formation du système solaire remonte à environ 4,6 milliards d'années, lorsque de vastes nuages de gaz et de poussière, appelés nébuleuses, ont commencé à s'effondrer sous l'effet de la gravité. Ces nébuleuses étaient principalement composées d'hydrogène et d'hélium, avec des traces d'autres éléments plus lourds issus de réactions nucléaires dans des étoiles antérieures. L'hydrogène, en raison de sa prévalence et de ses propriétés physiques, a été le principal composant de ces nuages primordiaux, fournissant la matière première nécessaire à la formation des étoiles et des planètes.

À mesure que les nébuleuses se contractaient sous l'effet de la gravité, des régions de densité accrue, appelées proto-étoiles, se formaient au sein de ces nuages. Sous l'influence de la gravité et de forces internes, ces proto-étoiles ont continué à s'effondrer et à accumuler de la matière, formant des disques de poussière et de gaz en rotation autour d'elles. Ces disques proto-planétaires étaient composés principalement d'hydrogène et de poussières interstellaires, ainsi que de petites quantités d'autres éléments.

L'hydrogène a joué un rôle central dans la formation des planètes du système solaire en fournissant la majeure partie de la matière nécessaire à leur croissance. Dans les disques proto-planétaires, les particules de poussière se sont agglomérées pour former des grains de plus en plus gros, qui ont ensuite fusionné pour former des planétésimaux, des précurseurs des planètes. L'hydrogène a été essentiel dans ce processus en fournissant un gaz dense qui a aidé à amortir les collisions entre les particules de poussière et à favoriser leur agrégation en objets plus massifs.

Au fur et à mesure que les planètes se formaient et que le disque proto-planétaire s'évaporait, l'hydrogène et d'autres gaz légers ont été dispersés dans l'espace interstellaire, laissant derrière eux des planètes principalement composées de roches et de métaux. Cependant, une grande quantité d'hydrogène a été retenue par les planètes géantes du système solaire, telles que Jupiter et Saturne, qui sont principalement constituées de gaz.

L'hydrogène continue d'être un élément important dans le système solaire moderne, jouant un rôle dans l'équilibre thermique et la composition chimique des planètes, des lunes et des autres objets célestes. Par exemple, l'hydrogène est présent dans l'atmosphère de Jupiter et de Saturne sous forme de gaz d'hydrogène moléculaire (H_2) ainsi que de composés hydrogénés tels que le méthane (CH_4) et l'ammoniac (NH_3). Sur Terre, l'hydrogène est un composant essentiel de l'eau (H_2O) et de nombreux autres composés organiques et inorganiques.

L'hydrogène a joué un rôle fondamental dans la formation et l'évolution du système solaire. En tant qu'élément le plus abondant de l'univers, l'hydrogène a fourni la matière première nécessaire à la formation des étoiles et des planètes, ainsi qu'à la composition chimique des objets célestes. Sa présence continue à influencer les propriétés et les caractéristiques de notre système solaire moderne, démontrant l'importance durable de cet élément fondamental dans l'univers.

15 - L'hydrogène dans le soleil

L'hydrogène joue un rôle essentiel dans le Soleil, notre étoile, en tant que combustible nucléaire principal qui alimente les réactions thermonucléaires qui se produisent dans son noyau. Comprendre le rôle de l'hydrogène dans le Soleil est crucial pour appréhender les processus complexes qui régissent la vie et l'évolution des étoiles.

Le Soleil est composé principalement d'hydrogène à environ 75%, suivi de l'hélium à environ 24%. Ces deux éléments, hydrogène et hélium, représentent près de 99% de la masse totale du Soleil. L'hydrogène est le combustible nucléaire qui alimente les réactions thermonucléaires au cœur du Soleil, les réactions de fusion nucléaire qui produisent l'énergie radiative qui rayonne dans l'espace sous forme de lumière et de chaleur.

Au cœur du Soleil, où les températures et les pressions sont extrêmement élevées, les atomes d'hydrogène subissent une série de réactions nucléaires appelées la chaîne proton-proton. Dans la première étape de cette chaîne, deux protons fusionnent pour former un noyau de deutérium, un isotope de l'hydrogène. Ce processus libère un positron et un neutrino, ainsi qu'une certaine quantité d'énergie sous forme de rayonnement gamma.

Par la suite, le noyau de deutérium fusionne avec un autre proton pour former un noyau d'hélium-3. Cette réaction libère un photon gamma ainsi qu'un neutrino. Enfin, deux noyaux d'hélium-3 fusionnent pour former un noyau d'hélium-4, libérant deux protons supplémentaires ainsi que deux photons gamma. Ce processus de fusion thermonucléaire convertit finalement une petite fraction de la masse de l'hydrogène en énergie selon la célèbre équation d'Einstein, $E=mc^2$.

L'énergie libérée par ces réactions thermonucléaires est essentielle pour maintenir l'équilibre gravitationnel du Soleil, produisant une pression interne qui empêche son effondrement gravitationnel sous son propre poids. Cette énergie est également responsable de l'émission de lumière et de chaleur qui rend la Terre habitable et alimente les processus climatiques et météorologiques qui régissent notre planète.

En plus de produire de l'énergie, les réactions thermonucléaires au cœur du Soleil produisent également d'énormes quantités de neutrinos, des particules élémentaires neutres qui interagissent très faiblement avec la matière. Les neutrinos produits dans les réactions de fusion nucléaire traversent le Soleil et l'espace interstellaire à une vitesse proche de celle de la lumière, offrant ainsi des informations précieuses sur les processus internes du Soleil.

L'hydrogène est donc fondamental pour le fonctionnement et l'existence même du Soleil en tant que source d'énergie et principal composant de son noyau. Sans l'hydrogène, les réactions thermonucléaires qui maintiennent l'équilibre du Soleil ne seraient pas possibles, et notre système solaire, ainsi que la vie sur Terre, ne pourraient pas exister.

L'hydrogène joue un rôle central dans le Soleil en tant que combustible nucléaire principal qui alimente les réactions thermonucléaires au cœur de l'étoile. Ces réactions produisent l'énergie qui maintient l'équilibre gravitationnel du Soleil et qui alimente la lumière et la chaleur qui rendent la vie possible sur Terre. Ainsi, l'hydrogène est non seulement un élément clé de notre système solaire, mais aussi un pilier fondamental de l'univers et de la vie telle que nous la connaissons.

16 - Et s'il n'y avait pas d'hydrogène ?

Imaginez un univers où l'hydrogène, l'élément le plus abondant et le plus fondamental de l'univers, n'existerait pas. Un tel scénario aurait des implications profondes et généralisées sur la nature même de notre cosmos, depuis la formation des étoiles et des galaxies jusqu'à l'existence de la vie telle que nous la connaissons.

Tout d'abord, la formation des premières étoiles serait gravement compromise. L'hydrogène est le principal combustible des réactions thermonucléaires qui alimentent les étoiles, y compris notre propre Soleil. Sans hydrogène, ces réactions nucléaires ne pourraient pas se produire, empêchant ainsi la naissance des étoiles et des systèmes stellaires tels que nous les connaissons.

En conséquence, les galaxies elles-mêmes ne pourraient pas se former de la manière que nous observons aujourd'hui. Les galaxies, vastes regroupements d'étoiles, de poussière et de gaz, tirent leur structure et leur dynamique de la présence d'étoiles formées à partir de nuages d'hydrogène. Sans ces étoiles, les galaxies ne pourraient pas se développer et évoluer comme elles le font dans notre univers actuel.

Sur le plan cosmologique, l'absence d'hydrogène aurait également des répercussions sur l'expansion de l'univers lui-même. L'hydrogène est un composant essentiel du milieu interstellaire, le vaste océan de gaz et de poussière qui remplit l'espace entre les étoiles. Ce gaz interstellaire contient de l'hydrogène sous forme neutre ainsi que sous forme ionisée dans les nuages moléculaires. Sans hydrogène, la matière interstellaire ne serait pas présente en quantités suffisantes pour exercer une influence gravitationnelle significative sur l'expansion de l'univers.

En ce qui concerne notre propre système solaire, l'absence d'hydrogène aurait des implications majeures sur la composition chimique des planètes et des autres corps célestes. L'eau, un composé essentiel à la vie telle que nous la connaissons, est constituée d'hydrogène et d'oxygène. Sans hydrogène, l'eau ne pourrait pas exister, ce qui rendrait la vie sur Terre impossible.

De plus, de nombreux composés organiques et inorganiques qui sont nécessaires à la vie et qui se trouvent couramment dans notre environnement contiennent de l'hydrogène. Les protéines, les lipides, les glucides et d'autres macromolécules biologiques fondamentales contiennent tous de l'hydrogène dans leur structure. Sans cet élément, les processus biochimiques nécessaires à la vie telle que nous la connaissons ne pourraient pas se produire.

Sur Terre, l'hydrogène est également crucial dans le cycle de l'eau, qui est essentiel pour le maintien des écosystèmes et le soutien de la vie végétale et animale. L'absence d'hydrogène perturberait gravement ce cycle, affectant la disponibilité de l'eau douce et les conditions climatiques sur notre planète.

En dehors de notre système solaire, l'hydrogène est également un élément clé dans la recherche de la vie extraterrestre. Les scientifiques recherchent activement des signes d'hydrogène dans l'atmosphère des exoplanètes, des planètes situées en dehors de notre système solaire, car sa présence pourrait indiquer la présence de processus biologiques similaires à ceux observés sur Terre.

L'hydrogène est un élément essentiel à tous les niveaux de notre univers, depuis la formation des étoiles et des galaxies jusqu'à l'existence de la vie sur Terre. Sans l'hydrogène, l'univers serait un endroit radicalement différent, dépourvu de nombreuses structures et processus qui le caractérisent. Heureusement, dans notre univers actuel, l'hydrogène est omniprésent, fournissant la matière première nécessaire à la vie et à la diversité cosmique que nous observons autour de nous.

17 - L'origine du nom hydrogène

L'hydrogène, tel que nous le connaissons aujourd'hui, est un élément chimique fondamental avec une origine étymologique intéressante. Son nom, "hydrogène", dérive de deux termes grecs : "hydro" qui signifie "eau" et "genes" qui signifie "générer" ou "produire". Ainsi, "hydrogène" peut être littéralement traduit par "producteur d'eau" ou "qui génère de l'eau".

L'origine du nom "hydrogène" remonte à la fin du 18ème siècle, à une époque où les scientifiques européens commençaient à explorer les propriétés des gaz et à étudier les réactions chimiques. L'hydrogène a été découvert et isolé pour la première fois par le chimiste britannique Henry Cavendish en 1766. À l'époque, Cavendish a observé que lorsqu'il faisait réagir du zinc métallique avec de l'acide chlorhydrique (ou acide muriatique), un gaz inflammable se dégageait. Il a noté que ce gaz pouvait brûler et produire de l'eau lorsqu'il était exposé à une flamme.

Cette observation a conduit Cavendish à conclure que le gaz nouvellement découvert était un constituant fondamental de l'eau. Il l'a appelé "inflammable air" (air inflammable), mais d'autres scientifiques ont préféré utiliser le terme "hydrogène" pour décrire cet élément. L'utilisation de ce nom reflète l'idée que ce gaz pouvait être produit à partir de l'eau, ainsi que sa capacité à former de l'eau lorsqu'il brûle en présence d'oxygène.

Le nom "hydrogène" est devenu officiellement associé à l'élément après que le chimiste français Antoine Lavoisier l'ait adopté dans son système de nomenclature chimique en 1783. Lavoisier a joué un rôle central dans l'établissement de la nomenclature chimique moderne et dans la normalisation des noms des éléments chimiques.

Depuis lors, le nom "hydrogène" est resté en usage pour désigner cet élément chimique dans toutes les langues modernes. Il est devenu l'un des termes les plus familiers et les plus largement reconnus dans le domaine de la chimie et de la science en général.

Outre son nom officiel, l'hydrogène est également souvent désigné par le symbole chimique "H", dérivé de la première lettre de son nom. Ce symbole est utilisé dans les formules chimiques et dans les tableaux périodiques des éléments pour représenter l'hydrogène.

Le nom "hydrogène" tire son origine des termes grecs signifiant "eau" et "générer", en référence à la capacité de cet élément à former de l'eau lorsqu'il réagit avec l'oxygène. Cette dénomination a été adoptée au 18ème siècle et est devenue le terme officiel utilisé pour désigner cet élément chimique essentiel.

18 - La densité de l'hydrogène par rapport à l'air

La densité de l'hydrogène par rapport à l'air est un aspect crucial à comprendre pour évaluer son comportement dans diverses situations, notamment dans l'atmosphère terrestre et lors de son utilisation dans des applications industrielles ou technologiques.

L'hydrogène, un gaz léger et non métallique, est l'élément chimique le plus simple de l'univers, avec un numéro atomique de 1 et un poids atomique d'environ 1,008 u (unités de masse atomique unifiée). À température et pression normales (0°C et 1 atm), l'hydrogène est sous forme de dihydrogène (H_2), une molécule diatomique constituée de deux atomes d'hydrogène liés de manière covalente.

La densité de l'hydrogène par rapport à l'air dépend principalement de sa masse molaire et de celle de l'air. La masse molaire de l'hydrogène est d'environ 2,016 g/mol, tandis que celle de l'air est d'environ 28,97 g/mol. Comparé à l'air, qui est un mélange d'azote, d'oxygène, de dioxyde de carbone et de petites quantités d'autres gaz, l'hydrogène est beaucoup plus léger.

Pour calculer la densité de l'hydrogène par rapport à l'air, on utilise la formule suivante :

Densité de l'hydrogène = Masse molaire de l'hydrogène / Masse molaire de l'air

Densité de l'hydrogène = 2,016 g/mol / 28,97 g/mol, soit environ 0,0698

Cette densité est généralement exprimée en grammes par litre (g/L) ou en kilogrammes par mètre cube (kg/m^3). Ainsi, la densité de l'hydrogène est d'environ 0,0698 g/L ou 0,0698 kg/m^3 par rapport à l'air.

Cette valeur indique que l'hydrogène est beaucoup moins dense que l'air. En d'autres termes, il a tendance à s'élever et à se disperser dans l'atmosphère plutôt que de rester confiné au niveau du sol. Lorsqu'il est libéré dans l'air, l'hydrogène aura tendance à s'élever rapidement en raison de sa faible densité, ce qui peut avoir des implications importantes en termes de sécurité et de gestion des risques.

Par exemple, dans les applications industrielles où l'hydrogène est utilisé ou stocké, des mesures de sécurité doivent être mises en place pour éviter les fuites accidentelles. En raison de sa tendance à s'élever, l'hydrogène peut rapidement s'accumuler près des plafonds ou des zones mal ventilées, augmentant ainsi le risque d'incendie ou d'explosion s'il entre en contact avec une source d'inflammation.

De plus, la densité de l'hydrogène par rapport à l'air a des implications importantes dans le domaine de l'aéronautique et de l'aérospatiale. En raison de sa faible densité, l'hydrogène a été historiquement utilisé comme gaz de levage dans les dirigeables et les ballons à air chaud. Cependant, en raison de sa grande inflammabilité, cette utilisation a été largement abandonnée au profit d'autres gaz plus sûrs, tels que l'hélium.

La densité de l'hydrogène par rapport à l'air est un aspect essentiel à prendre en compte dans de nombreuses applications industrielles, technologiques et de sécurité. Sa faible densité par rapport à l'air lui confère des propriétés uniques qui doivent être prises en compte lors de sa manipulation, de son stockage et de son utilisation dans divers contextes.

19 - Les principaux isotopes de l'hydrogène

L'hydrogène est un élément chimique simple mais fascinant qui possède plusieurs isotopes, des variantes d'atomes comportant le même nombre de protons mais un nombre différent de neutrons. Les principaux isotopes de l'hydrogène sont l'hydrogène-1 (protium), l'hydrogène-2 (deutérium) et l'hydrogène-3 (tritium). Chacun de ces isotopes présente des caractéristiques uniques qui les rendent intéressants à étudier dans divers domaines scientifiques et technologiques.

Protium (H-1)

Le protium est l'isotope le plus commun de l'hydrogène, représentant environ 99,98 % de l'hydrogène naturel. Il est composé d'un proton et d'aucun neutron dans son noyau. Le protium est largement utilisé dans diverses applications industrielles, notamment comme combustible dans les réacteurs nucléaires, comme gaz de protection dans la métallurgie et comme composant de base dans la production d'ammoniac.

Deutérium (H-2)

Le deutérium est l'un des isotopes stables de l'hydrogène, composé d'un proton et d'un neutron dans son noyau. Il est présent dans la nature à une concentration d'environ 0,015 % de l'hydrogène naturel. Le deutérium est largement utilisé comme matériau de modération dans les réacteurs nucléaires, où il ralentit les neutrons pour maintenir une réaction nucléaire contrôlée. Il est également utilisé dans la spectroscopie RMN (Résonance Magnétique Nucléaire) pour étudier la structure moléculaire.

Tritium (H-3)

Le tritium est un isotope radioactif de l'hydrogène, composé d'un proton et de deux neutrons dans son noyau. Il est extrêmement rare dans la nature et est principalement produit artificiellement par l'interaction des neutrons avec le lithium dans les réacteurs nucléaires. Le tritium est utilisé comme source d'énergie dans les dispositifs de fusion nucléaire expérimentaux, ainsi que dans les dispositifs d'éclairage et les marqueurs radioluminescents.

Ces isotopes de l'hydrogène ont des propriétés distinctes qui les rendent précieux dans divers domaines de la recherche scientifique et de l'industrie. Par exemple, le deutérium et le tritium sont utilisés dans des réactions de fusion nucléaire, qui pourraient éventuellement fournir une source d'énergie propre et illimitée. De plus, les isotopes de l'hydrogène sont utilisés dans des applications médicales telles que l'imagerie par résonance magnétique (IRM) et le marquage isotopique pour étudier le métabolisme des molécules dans le corps humain.

Bien que l'hydrogène soit le plus souvent associé à son isotope le plus commun, le protium, les isotopes de l'hydrogène offrent un large éventail de possibilités dans des domaines allant de l'énergie nucléaire à la recherche médicale. Leur étude continue et leur utilisation innovante pourraient ouvrir de nouvelles voies dans la science et la technologie.

20 - Les propriétés acido-basiques de l'hydrogène

Les propriétés acido-basiques de l'hydrogène sont fondamentales en chimie et jouent un rôle crucial dans de nombreux processus chimiques et biologiques. L'hydrogène peut agir à la fois comme un acide et comme une base, ce qui lui confère une polyvalence remarquable.

L'hydrogène peut agir comme un acide lorsqu'il perd un proton (H^+). Par exemple, dans l'eau, l'hydrogène peut se dissocier pour former un ion hydronium (H_3O^+), qui est l'espèce acide dans les solutions aqueuses. Cette réaction peut être représentée comme suit :

$$H_2O + H_2O \Leftrightarrow H_3O^+ + OH^-$$

L'hydrogène peut également agir comme une base lorsqu'il accepte un proton (H^+). Par exemple, dans l'ammoniac (NH_3), l'hydrogène peut accepter un proton pour former l'ion ammonium (NH_4^+), ce qui donne lieu à une réaction de neutralisation. Cette réaction peut être représentée comme suit :

$$NH_3 + H^+ \Leftrightarrow NH_4^+$$

La constante d'acidité (ou pKa) est une mesure de la force d'un acide. Plus la valeur de pKa est faible, plus l'acide est fort. Pour l'acide chlorhydrique (HCl), par exemple, la pKa est d'environ -7, ce qui indique une forte acidité. En revanche, pour l'ammoniac (NH_3), la pKa est d'environ 9, ce qui indique une faible acidité.

La constante de basicité (ou pKb) est une mesure de la force d'une base. Plus la valeur de pKb est faible, plus la base est forte. Par exemple, pour l'ammoniac (NH_3), la pKb est d'environ 4, ce qui indique une base relativement faible.

Certains composés, tels que l'eau, peuvent agir à la fois comme des acides et des bases. Ces composés sont appelés ampholytes. Par exemple, dans l'eau, les molécules d'eau peuvent se comporter à la fois comme des acides en libérant des protons (H^+) et comme des bases en acceptant des protons.

En chimie organique, les propriétés acido-basiques de l'hydrogène sont utilisées dans de nombreuses réactions, telles que les réactions d'addition, d'élimination et de substitution. Par exemple, dans la réaction d'acidification d'un alcène, un proton est ajouté à l'alcène pour former un carbocation.

En biologie, les propriétés acido-basiques de l'hydrogène sont essentielles pour maintenir l'équilibre du pH dans les cellules et les tissus. Un pH équilibré est crucial pour de nombreuses réactions biochimiques, telles que la digestion des aliments, la respiration cellulaire et la régulation de l'activité enzymatique.

Dans l'industrie chimique, les propriétés acido-basiques de l'hydrogène sont utilisées dans de nombreux processus, tels que la fabrication de produits chimiques, le traitement des eaux usées et la production d'énergie. Par exemple, dans l'industrie pétrolière, l'hydrogène est utilisé dans le raffinage du pétrole pour éliminer les impuretés et produire des carburants de qualité supérieure.

Les propriétés acido-basiques de l'hydrogène sont essentielles en chimie et en biologie, et elles sont largement utilisées dans de nombreux domaines. La polyvalence de l'hydrogène en tant qu'acide et base lui confère une importance fondamentale dans de nombreux processus et réactions chimiques, ce qui en fait l'un des composés les plus importants et les plus polyvalents de la chimie.

21 - Les acides à base d'hydrogène

Les acides à base d'hydrogène sont une classe importante de composés chimiques qui jouent un rôle crucial dans de nombreux processus biologiques, industriels et environnementaux. Ces acides se caractérisent par leur capacité à libérer des ions hydrogène (H^+) lorsqu'ils sont dissous dans l'eau, ce qui les rend capables de réagir avec les bases pour former de l'eau et des sels.

Acide chlorhydrique (HCl)

L'acide chlorhydrique est l'un des acides les plus couramment utilisés dans l'industrie chimique. Il se présente sous forme de gaz lorsqu'il est pur, mais il est généralement dissous dans l'eau pour former de l'acide chlorhydrique concentré, une solution extrêmement corrosive et acide. L'acide chlorhydrique est utilisé dans la production de divers produits chimiques, tels que les chlorures métalliques, et dans le nettoyage industriel et le décapage.

Acide sulfurique (H_2SO_4)

L'acide sulfurique est l'un des acides les plus importants sur le plan industriel, largement utilisé dans la fabrication de produits chimiques, de batteries, d'engrais et dans de nombreux autres processus. Il est produit à grande échelle par la réaction de l'oxyde de soufre avec l'eau, suivie de la dissociation de l'ion sulfate. L'acide sulfurique est un acide fort et très corrosif, capable de réagir vigoureusement avec de nombreux matériaux.

Acide nitrique (HNO_3)

L'acide nitrique est un acide fort et corrosif utilisé dans la production de divers produits chimiques, notamment les engrais, les explosifs et les colorants. Il est également utilisé dans le traitement des métaux pour la galvanoplastie et la fabrication de batteries. L'acide nitrique est produit par la réaction de l'ammoniac avec l'oxygène et l'eau, suivie de l'oxydation du monoxyde d'azote pour former du dioxyde d'azote, qui est ensuite dissous dans l'eau pour former l'acide nitrique.

Acide acétique (CH_3COOH)

L'acide acétique, également connu sous le nom d'acide éthanoïque, est un acide faible que l'on trouve dans le vinaigre. Il est largement utilisé dans l'industrie alimentaire, pharmaceutique et chimique comme agent conservateur, désinfectant et solvant. L'acide acétique est produit par fermentation acétique de l'éthanol, suivie d'une oxydation chimique ou biologique.

Acide formique (HCOOH)

L'acide formique est un acide faible que l'on trouve naturellement dans le venin de certaines espèces de fourmis, ainsi que dans divers fruits et légumes. Il est utilisé dans l'industrie textile, le tannage des cuirs, la production de caoutchouc et dans de nombreux autres processus industriels. L'acide formique est produit synthétiquement par la réaction de l'oxyde de carbone avec l'hydrogène.

Acide phosphorique (H_3PO_4)

L'acide phosphorique est un acide polyprotique largement utilisé dans l'industrie alimentaire comme agent acidifiant et conservateur, ainsi que dans la production d'engrais et d'autres produits chimiques. Il est également utilisé dans l'industrie pharmaceutique et comme agent de détartrage dans le nettoyage industriel. L'acide phosphorique est produit par la réaction du phosphate de roche avec de l'acide sulfurique.

Ces acides à base d'hydrogène sont des composés chimiques fondamentaux avec une large gamme d'applications dans divers domaines industriels et scientifiques. Leur capacité à libérer des ions hydrogène en solution aqueuse leur confère des propriétés uniques qui les rendent essentiels dans de nombreux processus chimiques et biologiques. Toutefois, en raison de leur nature corrosive et potentiellement dangereuse, ils doivent être manipulés avec précaution et stockés de manière appropriée pour garantir la sécurité des personnes et de l'environnement.

22 - Les bases à base d'hydrogène

Les bases à base d'hydrogène, également connues sous le nom d'hydroxydes, sont des composés chimiques qui se caractérisent par leur capacité à libérer des ions hydroxyde (OH^-) lorsqu'ils sont dissous dans l'eau. Ces composés jouent un rôle crucial dans de nombreux processus chimiques, biologiques et industriels.

Hydroxyde de sodium (NaOH)

L'hydroxyde de sodium, également connu sous le nom de soude caustique, est l'une des bases les plus couramment utilisées dans l'industrie chimique. Il est largement utilisé dans la fabrication de papier, de textiles, de produits de nettoyage, de détergents et dans de nombreux autres processus industriels. L'hydroxyde de sodium est produit par électrolyse de la saumure (solution de chlorure de sodium) ou par réaction de la soude avec de la chaux vive.

Hydroxyde de potassium (KOH)

L'hydroxyde de potassium est une base forte utilisée dans diverses applications industrielles et pharmaceutiques. Il est utilisé dans la fabrication de savons, de détergents, de produits cosmétiques, de médicaments et comme électrolyte dans les batteries alcalines. L'hydroxyde de potassium est généralement produit par électrolyse de la potasse ou par réaction de la potasse avec de la chaux vive.

Hydroxyde de calcium ($Ca(OH)_2$)

L'hydroxyde de calcium, également connu sous le nom de chaux éteinte, est largement utilisé dans l'industrie de la construction comme matériau de construction, ainsi que dans l'industrie alimentaire comme agent de levage et régulateur de pH. Il est également utilisé dans le traitement des eaux pour éliminer les impuretés et ajuster le pH.

L'hydroxyde de calcium est produit par réaction de la chaux vive avec de l'eau.

Hydroxyde d'ammonium (NH_4OH)

L'hydroxyde d'ammonium est une base faible utilisée dans diverses applications industrielles, notamment comme agent tampon dans les solutions chimiques, comme agent de nettoyage et comme réactif dans les laboratoires de chimie. Il est également utilisé dans l'industrie des semi-conducteurs pour le nettoyage des substrats. L'hydroxyde d'ammonium est généralement produit par dissolution de l'ammoniac dans l'eau.

Hydroxyde de magnésium ($Mg(OH)_2$)

L'hydroxyde de magnésium est une base faible utilisée comme laxatif et antiacide dans l'industrie pharmaceutique. Il est également utilisé dans l'industrie alimentaire comme additif alimentaire pour réguler le pH et comme agent de levage dans les produits de boulangerie. L'hydroxyde de magnésium est généralement produit par réaction du chlorure de magnésium avec de l'hydroxyde de sodium ou de l'hydroxyde de potassium.

Hydroxyde de fer (III) ($Fe(OH)_3$)

L'hydroxyde de fer (III), également connu sous le nom d'oxyhydroxyde de fer, est un composé inorganique utilisé comme pigment dans la peinture et comme adsorbant dans le traitement des eaux usées. Il est également utilisé dans l'industrie pharmaceutique comme agent hémostatique et dans l'industrie des semi-conducteurs comme matériau dopant. L'hydroxyde de fer (III) est généralement produit par précipitation de solutions de sels de fer avec des bases comme l'hydroxyde de sodium.

Ces bases à base d'hydrogène sont des composés chimiques essentiels avec une large gamme d'applications dans divers domaines, par exemple industriels, pharmaceutiques et environnementaux. Leur capacité à libérer des ions hydroxyde en solution aqueuse les rend précieux pour de nombreuses réactions chimiques et processus industriels, tout en les rendant également potentiellement dangereux en raison de leur forte alcalinité. Par conséquent, leur manipulation et leur utilisation doivent être effectuées avec précaution pour éviter les accidents et protéger la santé humaine et l'environnement.

23 - L'hydrogène dans l'oxydo-réduction

L'hydrogène joue un rôle essentiel dans les réactions d'oxydo-réduction, également connues sous le nom de réactions redox, qui sont des processus chimiques où il y a transfert d'électrons entre les réactifs.

Hydrogène comme agent réducteur

Dans de nombreuses réactions d'oxydo-réduction, l'hydrogène agit en tant qu'agent réducteur, c'est-à-dire qu'il donne des électrons et est oxydé. Par exemple, dans la réduction du dioxygène (O_2) pour former de l'eau (H_2O), l'hydrogène agit comme agent réducteur selon l'équation :

2H2 + O2 => 2H2O

Hydrogène comme agent oxydant

Dans d'autres réactions, l'hydrogène peut agir en tant qu'agent oxydant, c'est-à-dire qu'il accepte des électrons et est réduit. Par exemple, dans la réduction du chlorure de fer (III) ($FeCl_3$) pour former du chlorure ferreux ($FeCl_2$), l'hydrogène agit comme agent oxydant selon l'équation :

2FeCl3 + H2 => 2FeCl2 + 2HCl

Formes de l'hydrogène dans les réactions redox

L'hydrogène peut se présenter sous différentes formes dans les réactions redox, notamment sous forme de dihydrogène (H_2), d'ions hydrogène (H^+) ou d'hydrures (H^-). Ces différentes formes d'hydrogène interviennent dans divers processus chimiques et biologiques.

Applications dans l'industrie chimique

Dans l'industrie chimique, l'hydrogène est largement utilisé dans les réactions d'oxydo-réduction pour la synthèse de divers produits chimiques. Par exemple, l'hydrogénation catalytique est une réaction dans laquelle l'hydrogène est utilisé pour saturer des liaisons doubles ou triples dans les composés organiques, produisant ainsi des produits tels que les alcanes ou les alcools.

Applications dans l'industrie alimentaire

Dans l'industrie alimentaire, l'hydrogène est utilisé dans les réactions d'oxydo-réduction pour divers processus, tels que la fabrication d'huiles végétales hydrogénées. L'hydrogénation des huiles végétales est un processus dans lequel l'hydrogène est utilisé pour convertir les liaisons insaturées en liaisons saturées, augmentant ainsi la stabilité et la durée de conservation des huiles.

Applications dans l'industrie métallurgique

Dans l'industrie métallurgique, l'hydrogène est utilisé dans les réactions d'oxydo-réduction pour la réduction des minerais métalliques. Par exemple, dans le processus de réduction directe du minerai de fer, l'hydrogène est utilisé comme agent réducteur pour réduire le minerai de fer en fer métallique, produisant ainsi des matières premières pour la production d'acier.

Applications dans la production d'énergie

L'hydrogène est également utilisé dans les réactions d'oxydo-réduction pour la production d'énergie. Par exemple, dans les piles à combustible, l'hydrogène réagit avec le dioxygène pour produire de l'eau et de l'électricité selon la réaction :

$2H_2 + O_2 \Rightarrow 2H_2O + $ électricité

Applications dans la purification de l'eau

Dans le domaine de l'environnement, l'hydrogène est utilisé dans les réactions d'oxydo-réduction pour la purification de l'eau. Par exemple, dans le traitement de l'eau potable, l'hydrogène est utilisé dans les réactions de désinfection pour éliminer les agents pathogènes et les contaminants de l'eau.

L'hydrogène joue un rôle crucial dans les réactions d'oxydo-réduction, agissant à la fois comme agent réducteur et oxydant dans une variété de processus chimiques et biologiques. Ses différentes formes et ses nombreuses applications dans divers domaines en font un composé chimique essentiel dans notre vie quotidienne et dans l'industrie moderne.

24 - L'hydrogène dans la purification de l'eau

L'eau est l'un des éléments essentiels à la vie sur Terre, mais sa pureté est souvent menacée par la pollution et les contaminants. Dans ce contexte, l'hydrogène joue un rôle crucial dans la purification de l'eau, offrant des solutions innovantes pour garantir un approvisionnement en eau propre et sûr pour les populations du monde entier.

L'hydrogène est utilisé dans divers processus de purification de l'eau, notamment dans la production d'eau potable, le traitement des eaux usées, et la désinfection de l'eau. L'une des applications les plus répandues de l'hydrogène dans la purification de l'eau est son utilisation dans les processus d'électrolyse pour produire du chlore et de l'hydroxyde de sodium, des composés essentiels pour le traitement de l'eau potable et des eaux usées.

L'électrolyse de l'eau est un processus chimique dans lequel une source d'électricité est utilisée pour diviser l'eau en ses composants de base, à savoir l'hydrogène et l'oxygène. Dans le contexte de la purification de l'eau, l'hydrogène ainsi produit peut être utilisé pour générer du chlore par électrolyse saline, un processus qui permet de désinfecter l'eau en éliminant les bactéries, les virus et autres micro-organismes pathogènes.

De plus, l'hydrogène peut être utilisé dans des processus de filtration avancée pour éliminer les contaminants présents dans l'eau. Par exemple, l'hydrogène peut être utilisé comme agent de réduction dans les processus de filtration catalytique pour éliminer les métaux lourds et les composés organiques toxiques de l'eau, fournissant ainsi une méthode efficace pour purifier l'eau à partir de sources contaminées.

En outre, l'hydrogène peut être utilisé dans des processus de désinfection avancée tels que la photolyse UV-H2O2, où l'hydrogène est combiné avec du peroxyde d'hydrogène (H2O2) pour produire des radicaux hydroxyles hautement réactifs, qui sont capables de détruire les contaminants organiques présents dans l'eau.

Un autre aspect important de l'utilisation de l'hydrogène dans la purification de l'eau est son rôle dans le traitement des eaux usées. L'hydrogène peut être utilisé dans des processus d'oxydation avancée tels que l'oxydation par voie humide (WAO) et l'oxydation par voie hydrothermale (HTO), qui sont des méthodes efficaces pour dégrader les polluants organiques persistants présents dans les eaux usées industrielles et municipales.

De plus, l'hydrogène peut être utilisé dans des processus de dénitration biologique pour éliminer les nitrates présents dans les eaux souterraines, fournissant ainsi une méthode respectueuse de l'environnement pour traiter les problèmes de pollution par les nitrates.

En outre, l'hydrogène peut être utilisé dans des technologies de purification de l'eau innovantes telles que l'électrodialyse à membrane échangeuse d'ions, qui utilise des membranes sélectives pour séparer les ions et les contaminants présents dans l'eau, fournissant ainsi une méthode efficace pour purifier l'eau à partir de sources salines et contaminées.

L''hydrogène joue un rôle essentiel dans la purification de l'eau, offrant des solutions innovantes pour garantir un approvisionnement en eau propre et sûr pour les populations du monde entier. Grâce à ses propriétés uniques et à ses applications variées, l'hydrogène continue de jouer un rôle central dans le développement de technologies de purification de l'eau efficaces et durables.

25 - Production d'hydrogène par reformage de méthane

La production d'hydrogène par reformage du méthane est l'une des méthodes les plus courantes et les plus efficaces pour obtenir de grandes quantités d'hydrogène à l'échelle industrielle. Cette méthode, également connue sous le nom de reformage à la vapeur, implique la réaction du méthane (CH_4) avec de la vapeur d'eau (H_2O) à haute température et sous pression en présence d'un catalyseur.

Le reformage du méthane commence par l'introduction du méthane et de la vapeur d'eau dans un réacteur à haute température, généralement compris entre 700 et 1100 degrés Celsius.

À cette température élevée, le méthane réagit avec la vapeur d'eau selon l'équation chimique suivante :

$$CH_4 + H_2O \rightleftharpoons CO + 3H_2$$

Cette réaction produit du monoxyde de carbone (CO) et de l'hydrogène (H_2). Cependant, la production de CO n'est pas souhaitable dans la plupart des applications, car le CO est un gaz toxique et un polluant atmosphérique. Par conséquent, une étape supplémentaire, appelée reformage du méthane à vapeur (RMV), est souvent réalisée pour convertir le CO en dioxyde de carbone (CO_2) par réaction avec de l'oxygène.

La réaction de reformage du méthane à vapeur est la suivante :

$$CO + H_2O \rightleftharpoons CO_2 + H_2$$

Cette réaction convertit le monoxyde de carbone en dioxyde de carbone, produisant ainsi davantage d'hydrogène. Le catalyseur utilisé dans le reformage du méthane est généralement du nickel, qui favorise la dissociation du méthane et de la vapeur d'eau ainsi que la conversion du CO en CO2. D'autres métaux tels que le rhénium, le platine et le ruthénium peuvent également être utilisés comme catalyseurs pour améliorer l'efficacité et la sélectivité de la réaction.

L'hydrogène produit par le reformage du méthane est généralement purifié pour éliminer les impuretés telles que le CO, le CO2, le méthane résiduel et les vapeurs d'eau. Cette purification peut être réalisée à l'aide de techniques telles que la pressurisation, la condensation, la liquéfaction et l'adsorption sur des matériaux absorbants. Une fois purifié, l'hydrogène peut être stocké et distribué pour une utilisation dans diverses applications, telles que les piles à combustible, la production d'ammoniac, la raffinerie de pétrole, l'industrie chimique et le raffinage des métaux.

Le reformage du méthane présente plusieurs avantages par rapport à d'autres méthodes de production d'hydrogène. Tout d'abord, il est largement utilisé et bien établi, avec des technologies et des équipements disponibles pour la production à grande échelle. De plus, le méthane est abondant et peu coûteux, ce qui en fait une source de matière première économique pour la production d'hydrogène. De plus, le reformage du méthane peut être intégré aux raffineries de pétrole et aux installations de production de gaz naturel existantes, ce qui permet de valoriser les sous-produits indésirables tels que le gaz associé et les gaz de raffinerie.

Cependant, le reformage du méthane présente également quelques inconvénients et défis. Tout d'abord, il dépend de l'utilisation de combustibles fossiles, ce qui entraîne des émissions de CO2 si les émissions ne sont pas capturées et stockées. Par conséquent, le reformage du méthane peut contribuer aux émissions de gaz à effet de serre et au changement climatique si des mesures appropriées ne sont pas prises pour atténuer ses impacts environnementaux. De plus, le processus de reformage du méthane nécessite une source d'énergie externe pour fournir la chaleur nécessaire à la réaction, ce qui peut affecter l'efficacité globale du processus et augmenter les coûts de production.

Le reformage du méthane est une méthode éprouvée et largement utilisée pour la production d'hydrogène à l'échelle industrielle. Cette méthode offre des avantages significatifs en termes d'efficacité, de disponibilité de la matière première et d'intégration aux infrastructures existantes. Cependant, il est également confronté à des défis liés aux émissions de gaz à effet de serre et à la dépendance aux combustibles fossiles. Avec l'accent croissant mis sur la transition vers une économie bas-carbone, il est nécessaire de développer des technologies de reformage du méthane plus propres et plus durables, ainsi que des solutions de captage et de stockage du CO_2 pour atténuer ses impacts environnementaux.

26 - Production d'hydrogène par électrolyse de l'eau

La production d'hydrogène par électrolyse de l'eau est une méthode prometteuse et respectueuse de l'environnement pour obtenir de l'hydrogène à partir de l'eau, en utilisant de l'électricité pour décomposer l'eau en hydrogène et en oxygène. Cette méthode offre des avantages considérables en termes de durabilité, de faibles émissions de gaz à effet de serre et de flexibilité dans l'utilisation de sources d'énergie renouvelables telles que l'énergie solaire et éolienne.

Le processus d'électrolyse de l'eau se déroule dans une cellule électrolytique, où une source d'électricité est appliquée à des électrodes plongées dans de l'eau. L'eau est décomposée en hydrogène et en oxygène par des réactions d'oxydation et de réduction aux électrodes, selon les équations chimiques suivantes :

À l'électrode positive (anode) : $2H_2O(l) \rightarrow O_2(g) + 4H^+(aq) + 4e^-$

À l'électrode négative (cathode) : $4H_2O(l) + 4e^- \rightarrow 2H_2(g) + 4OH^-(aq)$

Ces réactions se produisent lorsque de l'électricité est appliquée à travers la cellule électrolytique, ce qui fournit l'énergie nécessaire pour décomposer les molécules d'eau en hydrogène et en oxygène. L'hydrogène gazeux est collecté à l'électrode négative, tandis que l'oxygène gazeux est collecté à l'électrode positive. Les deux gaz peuvent être séparés et purifiés pour obtenir de l'hydrogène et de l'oxygène purs, prêts à être utilisés dans diverses applications.

Il existe deux principales méthodes d'électrolyse de l'eau : l'électrolyse alcaline et l'électrolyse à membrane échangeuse de protons (PEM). Dans l'électrolyse alcaline, l'eau est mélangée à une solution alcaline telle que l'hydroxyde de potassium (KOH) ou l'hydroxyde de sodium (NaOH) pour augmenter sa conductivité électrique. Les électrodes sont généralement en nickel ou en acier inoxydable, et le catalyseur utilisé pour favoriser la réaction d'hydrogène à la cathode est souvent du platine ou du nickel. Dans l'électrolyse PEM, une membrane polymère conductrice d'ions sépare les électrodes et les produits de la réaction, ce qui permet de produire de l'hydrogène et de l'oxygène purs sans mélange de gaz. Cette méthode est généralement plus efficace et plus sûre que l'électrolyse alcaline, mais elle nécessite des membranes coûteuses et des conditions de fonctionnement strictes.

La production d'hydrogène par électrolyse de l'eau présente plusieurs avantages significatifs par rapport à d'autres méthodes de production d'hydrogène. Tout d'abord, elle utilise de l'eau comme matière première, ce qui en fait une ressource abondante et largement disponible. De plus, elle ne produit pas de polluants atmosphériques ou de gaz à effet de serre lorsqu'elle est alimentée par des sources d'énergie renouvelables telles que le solaire et l'éolien, ce qui en fait une solution respectueuse de l'environnement pour la production d'hydrogène. De plus, elle offre une flexibilité dans le choix de la localisation des installations de production d'hydrogène, car elle peut être alimentée par des sources d'énergie décentralisées telles que les panneaux solaires et les éoliennes.

Cependant, la production d'hydrogène par électrolyse de l'eau présente également certains défis et limitations. Tout d'abord, elle peut être coûteuse en raison du coût initial élevé des équipements et des technologies nécessaires, en particulier pour l'électrolyse à membrane échangeuse de protons. De plus, elle dépend de la disponibilité d'une source d'électricité fiable et abordable, ce qui peut limiter sa viabilité dans certaines régions ou dans certaines conditions. De plus, elle nécessite des technologies de stockage et de distribution de l'hydrogène pour répondre aux demandes variables et aux fluctuations de la production d'électricité renouvelable.

La production d'hydrogène par électrolyse de l'eau est une méthode prometteuse et respectueuse de l'environnement pour obtenir de l'hydrogène à partir de l'eau en utilisant de l'électricité renouvelable. Cette méthode offre des avantages significatifs en termes de durabilité, de faibles émissions de gaz à effet de serre et de flexibilité dans l'utilisation des ressources énergétiques. Cependant, elle présente également des défis et des limitations liés aux coûts, à la disponibilité de l'électricité renouvelable et aux technologies associées. Avec l'accent croissant mis sur la transition vers une économie bas-carbone, la production d'hydrogène par électrolyse de l'eau est appelée à jouer un rôle de plus en plus important dans le paysage énergétique mondial.

27 - Production d'hydrogène par gazéification de la biomasse

La production d'hydrogène par gazéification de la biomasse est une méthode prometteuse et respectueuse de l'environnement pour obtenir de l'hydrogène à partir de matières organiques telles que la biomasse, les déchets agricoles, forestiers ou urbains. Cette méthode implique la conversion thermochimique de la biomasse en un gaz de synthèse contenant de l'hydrogène, du monoxyde de carbone, du dioxyde de carbone et d'autres gaz combustibles.

Le processus de gazéification de la biomasse commence par la préparation de la matière première, qui peut inclure une variété de matériaux organiques tels que la biomasse ligneuse, les résidus agricoles, les déchets forestiers, les déchets municipaux ou les cultures énergétiques. La biomasse est broyée et séchée pour augmenter sa surface spécifique et sa teneur en matières volatiles, ce qui facilite sa conversion en gaz de synthèse. Ensuite, la biomasse est introduite dans un réacteur de gazéification où elle est chauffée à haute température (800-1200°C) en l'absence d'oxygène ou avec une quantité limitée d'oxygène.

Dans le réacteur de gazéification, la biomasse subit plusieurs réactions thermochimiques complexes pour former un gaz de synthèse composé principalement de monoxyde de carbone (CO), de dioxyde de carbone (CO_2), d'hydrogène (H_2), de méthane (CH_4) et de vapeur d'eau (H_2O). Les réactions principales sont les suivantes :

Décomposition thermique : $C_xH_y + O_2 \rightarrow CO + H_2$ + autres produits

Réactions de réforme partielle : $C + H_2O \rightarrow CO + H_2$

Réactions de réforme complète : $CO + H_2O \rightarrow CO_2 + H_2$

La composition du gaz de synthèse produit dépend des conditions de gazéification, telles que la température, la pression, le rapport molaire carbone/eau, le temps de séjour et la composition de la biomasse. Après la gazéification, le gaz de synthèse est refroidi, nettoyé et éventuellement purifié pour éliminer les impuretés telles que le goudron, les particules solides, le soufre et les composés organiques volatils. L'hydrogène purifié peut ensuite être séparé des autres gaz pour obtenir de l'hydrogène pur, prêt à être utilisé dans diverses applications.

La production d'hydrogène par gazéification de la biomasse présente plusieurs avantages par rapport à d'autres méthodes de production d'hydrogène. Tout d'abord, elle utilise une ressource renouvelable et largement disponible, ce qui en fait une alternative viable aux combustibles fossiles. De plus, elle réduit les émissions de gaz à effet de serre par rapport aux méthodes utilisant des combustibles fossiles, car elle permet de capturer une partie du carbone contenu dans la biomasse sous forme de biochar ou de stockage géologique du CO_2. De plus, elle peut valoriser les déchets organiques et réduire la dépendance aux décharges et à l'incinération des déchets.

Cependant, la production d'hydrogène par gazéification de la biomasse présente également certains défis et limitations. Tout d'abord, elle nécessite des technologies sophistiquées et des équipements coûteux pour le traitement et la purification du gaz de synthèse, ainsi que pour la production d'hydrogène purifié. De plus, elle peut être moins efficace que d'autres méthodes de production d'hydrogène et nécessiter des améliorations pour augmenter le rendement énergétique et réduire les coûts de production. De plus, elle dépend de la disponibilité de la biomasse à des coûts compétitifs, ce qui peut limiter sa viabilité dans certaines régions ou pour certaines applications.

La production d'hydrogène par gazéification de la biomasse est une méthode prometteuse pour obtenir de l'hydrogène à partir de sources renouvelables et durables. Cette méthode offre des avantages significatifs en termes de réduction des émissions de gaz à effet de serre, de valorisation des déchets organiques et de réduction de la dépendance aux combustibles fossiles. Cependant, elle présente également des défis et des limitations liés aux coûts, à l'efficacité énergétique et à la disponibilité de la biomasse. Avec l'accent croissant mis sur la transition vers une économie bas-carbone, la production d'hydrogène par gazéification de la biomasse est appelée à jouer un rôle de plus en plus important dans le paysage énergétique mondial.

28 - Production d'hydrogène par photolyse de l'eau

La production d'hydrogène par photolyse de l'eau est une méthode innovante et prometteuse pour obtenir de l'hydrogène à partir de l'eau en utilisant l'énergie solaire comme source d'énergie. Cette méthode exploite la capacité de la lumière du soleil à décomposer l'eau en hydrogène et en oxygène par des réactions photochimiques.

Le processus de photolyse de l'eau se déroule dans un dispositif appelé photoélectrochimique (PEC) ou photoélectrolyseur, qui se compose généralement d'une cellule solaire et d'une électrode spéciale appelée photoanode. La photoanode est généralement fabriquée à partir de semi-conducteurs tels que le dioxyde de titane (TiO_2), le nitrure de gallium (GaN) ou l'oxyde de fer (Fe_2O_3), qui ont la capacité d'absorber la lumière du soleil et de catalyser la réaction de dissociation de l'eau en hydrogène et en oxygène.

Lorsque la lumière du soleil frappe la photoanode, elle excite les électrons dans la structure du semi-conducteur, créant ainsi des électrons libres et des trous de charge positive. Ces porteurs de charge sont séparés par un champ électrique dans la photoanode et dirigés vers des électrodes différentes, où ils participent à des réactions d'oxydation et de réduction pour produire de l'hydrogène et de l'oxygène.

La réaction de photolyse de l'eau peut être décrite par les équations suivantes :

À l'anode (photoanode) : $2H_2O(l) \rightarrow O_2(g) + 4H^+(aq) + 4e^-$

À la cathode : $4H^+ + 4e^- \rightarrow 2H_2(g)$

Ces réactions se produisent simultanément à la surface de la photoanode et de la cathode, où les électrons libres et les trous générés par l'absorption de la lumière du soleil participent à la dissociation de l'eau en hydrogène et en oxygène. L'oxygène gazeux est collecté à l'anode, tandis que l'hydrogène gazeux est collecté à la cathode. Les deux gaz peuvent ensuite être séparés et purifiés pour obtenir de l'hydrogène et de l'oxygène purs, prêts à être utilisés dans diverses applications.

La production d'hydrogène par photolyse de l'eau offre plusieurs avantages significatifs par rapport à d'autres méthodes de production d'hydrogène. Tout d'abord, elle utilise une source d'énergie renouvelable et abondante, à savoir la lumière du soleil, ce qui en fait une solution respectueuse de l'environnement pour la production d'hydrogène. De plus, elle ne produit pas de gaz à effet de serre ni de polluants atmosphériques, car elle ne nécessite pas de combustibles fossiles ou de réactions chimiques nocives. De plus, elle peut être mise en œuvre de manière décentralisée, ce qui permet de produire de l'hydrogène sur place et de réduire les coûts de transport et de distribution.

Cependant, la production d'hydrogène par photolyse de l'eau présente également certains défis et limitations. Tout d'abord, elle nécessite des semi-conducteurs efficaces et durables pour la fabrication des photoanodes, ainsi que des technologies sophistiquées pour la construction et l'exploitation des dispositifs PEC. De plus, elle dépend de l'ensoleillement et des conditions météorologiques, ce qui peut limiter sa disponibilité dans certaines régions ou pendant certaines saisons. De plus, elle peut être coûteuse en raison du coût initial élevé des équipements et des technologies nécessaires, bien que les coûts puissent diminuer avec les avancées technologiques et l'augmentation de l'échelle de production.

La production d'hydrogène par photolyse de l'eau est une méthode prometteuse et respectueuse de l'environnement pour obtenir de l'hydrogène à partir de l'eau en utilisant l'énergie solaire comme source d'énergie. Cette méthode offre des avantages significatifs en termes de durabilité, de faibles émissions de gaz à effet de serre et de décentralisation de la production d'hydrogène. Cependant, elle présente également des défis et des limitations liés aux coûts, à l'efficacité des technologies et à la disponibilité de l'ensoleillement. Avec l'accent croissant mis sur la transition vers une économie bas-carbone, la production d'hydrogène par photolyse de l'eau est appelée à jouer un rôle de plus en plus important dans le paysage énergétique mondial.

29 - Production d'hydrogène à partir du charbon

La production d'hydrogène par gazéification du charbon est une méthode bien établie pour obtenir de l'hydrogène à partir de ressources fossiles telles que le charbon. La gazéification du charbon est un processus thermochimique qui implique la conversion du charbon en un gaz de synthèse composé principalement de monoxyde de carbone (CO), de dioxyde de carbone (CO_2), d'hydrogène (H_2) et de méthane (CH_4).

Le processus de gazéification du charbon commence par la préparation du charbon, qui est broyé en fines particules pour augmenter sa surface spécifique et sa réactivité chimique. Le charbon est ensuite introduit dans un réacteur de gazéification où il est chauffé à haute température (800-1000°C) en l'absence d'oxygène ou avec une quantité limitée d'oxygène, généralement sous forme de vapeur d'eau ou de dioxyde de carbone.

Dans le réacteur de gazéification, le charbon subit plusieurs réactions thermochimiques pour former un gaz de synthèse contenant du CO, du CO_2, de l'H_2 et du CH_4, ainsi que des sous-produits tels que des goudrons, des cendres et des composés organiques volatils. Les réactions principales sont les suivantes :

Décomposition thermique : $C + O_2 \rightarrow CO + CO_2$

Réaction de reformage : $C + H_2O \rightarrow CO + H_2$

Réaction de reformage : $CO + H_2O \rightarrow CO_2 + H_2$

Ces réactions se produisent à des températures élevées en présence d'un catalyseur, généralement du nickel ou du fer, qui favorise la conversion du charbon en gaz de synthèse. Le gaz de synthèse produit peut être purifié pour obtenir de l'hydrogène pur, prêt à être utilisé dans diverses applications.

La production d'hydrogène par gazéification du charbon offre plusieurs avantages par rapport à d'autres méthodes de production d'hydrogène. Tout d'abord, elle utilise une ressource abondante et largement disponible, à savoir le charbon, ce qui en fait une alternative viable aux sources d'énergie conventionnelles. De plus, elle peut être intégrée aux infrastructures existantes telles que les centrales électriques et les installations de gaz naturel, ce qui permet de valoriser les sous-produits indésirables et d'optimiser l'utilisation des ressources.

Cependant, la production d'hydrogène par gazéification du charbon présente également des défis et des inconvénients importants. Tout d'abord, elle génère des émissions de gaz à effet de serre et des polluants atmosphériques tels que le CO_2, les particules et les oxydes de soufre (SOx) et d'azote (NOx), ce qui soulève des préoccupations environnementales importantes. De plus, elle dépend de ressources non renouvelables et limitées, ce qui soulève des préoccupations quant à la sécurité énergétique et à la durabilité à long terme. De plus, elle nécessite des technologies de captage et de stockage du CO_2 pour atténuer ses impacts environnementaux et répondre aux exigences réglementaires en matière d'émissions.

La production d'hydrogène par gazéification du charbon est une méthode bien établie et largement utilisée pour obtenir de l'hydrogène à l'échelle industrielle. Cette méthode offre des avantages significatifs en termes d'efficacité, de disponibilité de la matière première et d'intégration aux infrastructures existantes. Cependant, elle présente également des défis et des inconvénients importants liés aux émissions de gaz à effet de serre, à la dépendance aux combustibles fossiles et à la durabilité environnementale. Avec l'accent croissant mis sur la transition vers une économie bas-carbone, il est nécessaire de développer des technologies de production d'hydrogène plus propres et plus durables pour répondre aux besoins énergétiques futurs.

30 - Les défis du stockage

Le stockage de l'hydrogène est un défi majeur à surmonter pour développer pleinement l'économie de l'hydrogène. Bien que l'hydrogène soit un vecteur énergétique très prometteur en raison de sa grande densité énergétique et de son potentiel à faibles émissions de carbone, son stockage efficace et sûr reste un obstacle majeur à son utilisation généralisée dans diverses applications.

Un des principaux défis du stockage de l'hydrogène réside dans sa faible densité volumétrique à température et pression ambiantes. L'hydrogène gazeux a une faible densité volumétrique par rapport aux carburants conventionnels tels que l'essence et le diesel, ce qui signifie qu'il nécessite des réservoirs de stockage plus volumineux pour contenir la même quantité d'énergie. De plus, l'hydrogène est hautement inflammable et peut présenter des risques de sécurité s'il n'est pas stocké et manipulé correctement.

Pour surmonter ces défis, plusieurs technologies de stockage de l'hydrogène ont été développées. L'une des méthodes les plus courantes est le stockage sous forme comprimée, où l'hydrogène est comprimé à des pressions élevées (350-700 bars) dans des réservoirs en acier renforcé. Bien que cette méthode soit largement utilisée et bien établie, elle nécessite des réservoirs robustes et coûteux, ainsi qu'une compression énergétique intensive pour atteindre les pressions requises.

Une autre méthode de stockage de l'hydrogène est le stockage sous forme liquide, où l'hydrogène est refroidi à des températures très basses (-253°C) pour le liquéfier. Le stockage sous forme liquide permet de réduire considérablement le volume requis pour le stockage de l'hydrogène, mais il nécessite également des infrastructures de stockage et de distribution spécialisées pour maintenir les températures cryogéniques et prévenir les pertes par évaporation.

Des technologies de stockage innovantes telles que les hydrures métalliques et les matériaux poreux ont également été développées pour stocker l'hydrogène de manière sûre et efficace. Les hydrures métalliques sont des matériaux qui absorbent l'hydrogène à des pressions modérées et le libèrent lorsqu'ils sont chauffés, ce qui permet un stockage sûr et compact de l'hydrogène. Les matériaux poreux tels que les charbons activés et les MOFs (Metal-Organic Frameworks) ont une grande surface spécifique et une structure poreuse qui leur permet d'adsorber l'hydrogène à des pressions et des températures ambiantes, offrant ainsi une alternative prometteuse pour le stockage de l'hydrogène.

Cependant, malgré ces progrès, le stockage de l'hydrogène reste un défi technologique et économique majeur à résoudre. Les technologies de stockage actuelles présentent des limitations en termes de densité énergétique, de coûts, de sécurité et de durabilité. De plus, le développement d'infrastructures de stockage et de distribution à grande échelle est nécessaire pour soutenir le déploiement à grande échelle de l'hydrogène dans divers secteurs tels que les transports, l'industrie et la production d'électricité.

Pour surmonter ces défis, des investissements importants dans la recherche, le développement et la démonstration de nouvelles technologies de stockage de l'hydrogène sont nécessaires. Des efforts doivent être déployés pour améliorer la densité énergétique, la sécurité, la durabilité et la rentabilité des technologies de stockage de l'hydrogène. De plus, des politiques gouvernementales favorables et des incitations financières sont nécessaires pour encourager l'adoption de l'hydrogène et le développement d'infrastructures de stockage à grande échelle.

Le stockage de l'hydrogène reste un défi majeur à surmonter pour développer pleinement l'économie de l'hydrogène. Bien que plusieurs technologies de stockage aient été développées, elles présentent encore des limitations en termes de densité énergétique, de coûts, de sécurité et de durabilité. Des investissements importants dans la recherche, le développement et la démonstration de nouvelles technologies de stockage de l'hydrogène sont nécessaires pour accélérer la transition vers une économie bas-carbone et promouvoir l'utilisation généralisée de l'hydrogène comme vecteur énergétique propre et durable.

31 - Stockage sous forme de gaz comprimé

Le stockage de l'hydrogène sous forme de gaz comprimé est l'une des méthodes les plus couramment utilisées et bien établies pour stocker l'hydrogène à des fins de transport, de stockage d'énergie et d'autres applications. Cette méthode implique la compression de l'hydrogène gazeux à des pressions élevées dans des réservoirs spécialement conçus.

Le processus de stockage de l'hydrogène sous forme de gaz comprimé commence par la production d'hydrogène, qui peut être obtenue à partir de diverses sources telles que l'électrolyse de l'eau, le reformage du méthane ou la gazéification de la biomasse. Une fois produit, l'hydrogène est comprimé à des pressions élevées, généralement entre 350 et 700 bars, pour le stocker dans des réservoirs de stockage spéciaux.

Les réservoirs de stockage d'hydrogène comprimé sont généralement fabriqués en acier renforcé ou en matériaux composites tels que la fibre de carbone pour assurer une résistance mécanique adéquate aux pressions élevées. Ils sont conçus pour résister aux contraintes mécaniques résultant de la compression de l'hydrogène et pour prévenir les fuites ou les ruptures en cas de surpression.

L'un des principaux avantages du stockage de l'hydrogène sous forme de gaz comprimé est sa simplicité et sa fiabilité. Cette méthode utilise des technologies bien établies et éprouvées, avec des réservoirs de stockage disponibles dans une variété de tailles et de formes pour répondre à divers besoins en matière de stockage d'hydrogène. De plus, elle offre une grande flexibilité dans son utilisation et peut être utilisée pour stocker de grandes quantités d'hydrogène pour des applications à grande échelle, ainsi que de petites quantités pour des applications mobiles telles que les véhicules à hydrogène.

Un autre avantage du stockage de l'hydrogène sous forme de gaz comprimé est sa capacité à stocker de grandes quantités d'énergie dans un espace relativement restreint. Bien que l'hydrogène gazeux ait une faible densité volumétrique par rapport aux carburants conventionnels, le stockage sous forme comprimée permet de réduire considérablement l'encombrement des réservoirs et d'optimiser l'utilisation de l'espace de stockage.

Cependant, le stockage de l'hydrogène sous forme de gaz comprimé présente également des limitations et des défis importants. Tout d'abord, il nécessite des réservoirs de stockage robustes et coûteux, ainsi que des systèmes de compression énergétique intensive pour atteindre les pressions élevées requises. De plus, il présente des risques de sécurité associés à la manipulation et au stockage de l'hydrogène à haute pression, notamment les risques de fuite, d'explosion et d'incendie.

De plus, le stockage de l'hydrogène sous forme de gaz comprimé présente des limitations en termes de densité énergétique. Bien que cette méthode permette de stocker de grandes quantités d'hydrogène dans un petit espace, elle nécessite toujours des réservoirs de stockage relativement volumineux par rapport à d'autres vecteurs énergétiques tels que les carburants liquides. Cela peut limiter son utilisation dans certaines applications où l'espace de stockage est limité, comme les applications mobiles telles que les véhicules à hydrogène.

Malgré ces limitations, le stockage de l'hydrogène sous forme de gaz comprimé reste une méthode attrayante et largement utilisée pour stocker l'hydrogène à des fins de transport, de stockage d'énergie et d'autres applications. Avec l'accent croissant mis sur la transition vers une économie bas-carbone, des investissements continus dans la recherche, le développement et la commercialisation de technologies de stockage de l'hydrogène sont nécessaires pour surmonter les défis associés et promouvoir une utilisation plus répandue de l'hydrogène comme vecteur énergétique propre et durable.

32 - Stockage sous forme liquide

Le stockage de l'hydrogène sous forme liquide est une méthode couramment utilisée pour stocker de grandes quantités d'hydrogène dans un espace restreint. Cette méthode implique le refroidissement de l'hydrogène gazeux à des températures très basses, le transformant ainsi en liquide.

Le processus de stockage de l'hydrogène sous forme liquide commence par la production d'hydrogène gazeux à partir de diverses sources telles que l'électrolyse de l'eau, le reformage du méthane ou la gazéification de la biomasse. Une fois produit, l'hydrogène est refroidi à des températures très basses, généralement inférieures à -253°C, pour le liquéfier. Cela nécessite l'utilisation de réfrigérants tels que l'azote liquide ou l'hélium liquide pour maintenir les températures cryogéniques nécessaires.

Une fois liquéfié, l'hydrogène est stocké dans des réservoirs de stockage spécialement conçus pour maintenir les températures cryogéniques et prévenir les pertes par évaporation. Ces réservoirs sont généralement fabriqués en acier inoxydable ou en matériaux composites pour assurer l'étanchéité et la résistance mécanique nécessaires au stockage de l'hydrogène liquide.

L'un des principaux avantages du stockage de l'hydrogène sous forme liquide est sa densité énergétique élevée. L'hydrogène liquide a une densité énergétique plus élevée que l'hydrogène gazeux comprimé, ce qui signifie qu'il peut stocker plus d'énergie dans un volume donné. Cela le rend particulièrement adapté au stockage d'hydrogène à grande échelle dans des installations fixes telles que les stations de ravitaillement en hydrogène ou les installations de stockage d'énergie.

De plus, le stockage de l'hydrogène sous forme liquide offre une solution de stockage flexible et polyvalente. Il peut être utilisé pour stocker de grandes quantités d'hydrogène pour des applications à grande échelle, ainsi que de petites quantités pour des applications mobiles telles que les véhicules à hydrogène. De plus, il permet une utilisation plus efficace de l'espace de stockage grâce à sa densité énergétique élevée.

Cependant, le stockage de l'hydrogène sous forme liquide présente également des défis et des limitations. Tout d'abord, il nécessite des infrastructures de stockage et de distribution spécialisées pour maintenir les températures cryogéniques et prévenir les pertes par évaporation. De plus, il présente des risques de sécurité associés à la manipulation et au stockage de l'hydrogène liquide à des températures extrêmement basses, notamment les risques de gelures et d'explosion.

De plus, le stockage de l'hydrogène sous forme liquide nécessite des installations de liquéfaction d'hydrogène qui peuvent être coûteuses à construire et à exploiter. Ces installations nécessitent également une consommation énergétique importante pour refroidir et liquéfier l'hydrogène, ce qui peut réduire l'efficacité globale du processus de stockage.

Malgré ces défis, le stockage de l'hydrogène sous forme liquide reste une méthode attrayante et largement utilisée pour stocker de grandes quantités d'hydrogène dans un espace restreint. Avec l'accent croissant mis sur la transition vers une économie bas-carbone, des investissements continus dans la recherche, le développement et la commercialisation de technologies de stockage de l'hydrogène sont nécessaires pour surmonter les défis associés et promouvoir une utilisation plus répandue de l'hydrogène comme vecteur énergétique propre et durable.

33 - Stockage sous forme de composés chimiques

Le stockage de l'hydrogène sous forme de composés chimiques est une méthode innovante et prometteuse pour stocker l'hydrogène de manière sûre, compacte et efficace. Cette approche implique l'utilisation de composés chimiques qui peuvent absorber et libérer de l'hydrogène sous certaines conditions, offrant ainsi une solution de stockage pratique pour répondre aux besoins en énergie.

Le stockage de l'hydrogène sous forme de composés chimiques repose sur le concept d'hydrures métalliques et de matériaux poreux tels que les charbons activés, les MOFs (Metal-Organic Frameworks) et les zeolites. Ces matériaux ont la capacité d'adsorber l'hydrogène à des pressions et des températures ambiantes, offrant ainsi une alternative compacte et sûre au stockage de l'hydrogène sous forme gazeuse ou liquide.

Les hydrures métalliques sont des composés chimiques qui peuvent absorber l'hydrogène à des pressions modérées et le libérer lorsqu'ils sont chauffés. Ces matériaux ont une structure cristalline qui leur permet d'absorber de grandes quantités d'hydrogène dans leurs réseaux de canaux et de pores, offrant ainsi une densité de stockage élevée pour l'hydrogène. Les hydrures métalliques sont généralement constitués de métaux tels que le magnésium, le lithium, le sodium et le titane, qui ont la capacité d'interagir chimiquement avec l'hydrogène.

Les matériaux poreux tels que les charbons activés, les MOFs et les zeolites ont une grande surface spécifique et une structure poreuse qui leur permet d'adsorber l'hydrogène à des pressions et des températures ambiantes. Ces matériaux ont été largement étudiés pour leur capacité à stocker de grandes quantités d'hydrogène dans un petit espace, offrant ainsi une solution de stockage compacte et efficace pour l'hydrogène. Les MOFs, en particulier, présentent un potentiel prometteur en raison de leur grande surface spécifique, de leur structure modulable et de leur capacité à adsorber de grandes quantités d'hydrogène.

Le processus de stockage de l'hydrogène sous forme de composés chimiques implique généralement deux étapes : l'absorption de l'hydrogène par le matériau de stockage et la libération de l'hydrogène du matériau de stockage. Pendant la première étape, l'hydrogène est adsorbé par le matériau de stockage à des pressions et des températures ambiantes, formant ainsi un composé chimique stable. Pendant la deuxième étape, l'hydrogène est libéré du matériau de stockage en chauffant le matériau à des températures élevées ou en réduisant la pression, permettant ainsi une utilisation efficace de l'hydrogène stocké.

Le stockage de l'hydrogène sous forme de composés chimiques présente plusieurs avantages par rapport aux autres méthodes de stockage. Tout d'abord, il offre une densité de stockage élevée pour l'hydrogène, permettant de stocker de grandes quantités d'hydrogène dans un petit espace. De plus, il offre une solution de stockage compacte et sûre pour l'hydrogène, réduisant ainsi les risques associés à la manipulation et au stockage de l'hydrogène sous forme gazeuse ou liquide. De plus, il permet une utilisation plus efficace de l'hydrogène stocké en offrant un contrôle précis sur sa libération et sa récupération.

Cependant, le stockage de l'hydrogène sous forme de composés chimiques présente également des limitations et des défis importants. Tout d'abord, il nécessite des matériaux de stockage spécialisés qui peuvent être coûteux à fabriquer et à manipuler. De plus, il nécessite des conditions spécifiques pour l'adsorption et la libération de l'hydrogène, ce qui peut limiter sa viabilité dans certaines applications où des conditions ambiantes sont nécessaires. De plus, certains matériaux de stockage peuvent présenter des problèmes de stabilité et de durabilité à long terme, ce qui peut limiter leur utilisation.

34 - L'alternative des véhicules à hydrogène

Les véhicules à hydrogène représentent une alternative prometteuse aux véhicules électriques alimentés par batterie, offrant des avantages significatifs en termes d'autonomie, de temps de recharge et de durabilité environnementale.

Les véhicules à hydrogène utilisent une pile à combustible pour produire de l'électricité à bord du véhicule en combinant de l'hydrogène avec de l'oxygène de l'air, générant ainsi de l'électricité et de l'eau comme seuls sous-produits. Contrairement aux véhicules électriques alimentés par batterie, qui stockent l'électricité dans une batterie rechargeable, les véhicules à hydrogène utilisent un réservoir d'hydrogène pour stocker le carburant, offrant ainsi une alternative aux contraintes de poids et de capacité des batteries.

L'un des principaux avantages des véhicules à hydrogène est leur autonomie étendue. Les véhicules à hydrogène peuvent parcourir des distances plus longues avec un seul plein d'hydrogène par rapport aux véhicules électriques traditionnels, ce qui les rend plus adaptés aux longs trajets et aux applications où l'autonomie est cruciale, comme le transport routier de marchandises. De plus, les temps de recharge des véhicules à hydrogène sont généralement plus courts que ceux des véhicules électriques, ce qui permet de réduire les temps d'arrêt et d'améliorer la productivité.

Un autre avantage des véhicules à hydrogène est leur durabilité environnementale. Contrairement aux véhicules à combustion interne alimentés par des combustibles fossiles, les véhicules à hydrogène n'émettent aucun polluant atmosphérique lorsqu'ils sont en marche, contribuant ainsi à améliorer la qualité de l'air et à réduire les émissions de gaz à effet de serre. De plus, l'hydrogène peut être produit à partir de sources d'énergie renouvelable, telles que l'énergie solaire, éolienne ou hydraulique, offrant ainsi une solution de transport propre et durable.

Cependant, malgré ces avantages, les véhicules à hydrogène sont confrontés à plusieurs défis et limitations. Tout d'abord, l'infrastructure de ravitaillement en hydrogène est encore limitée dans de nombreuses régions, ce qui limite la disponibilité et l'accessibilité des stations-service d'hydrogène. De plus, la production d'hydrogène à partir de sources d'énergie renouvelable nécessite des investissements importants dans les technologies de production, de stockage et de distribution, ce qui peut ralentir son adoption à grande échelle.

De plus, les coûts initiaux des véhicules à hydrogène sont généralement plus élevés que ceux des véhicules électriques traditionnels en raison du coût des piles à combustible et des réservoirs d'hydrogène. Cependant, les coûts opérationnels des véhicules à hydrogène peuvent être compétitifs avec ceux des véhicules électriques sur toute la durée de vie du véhicule, en particulier dans les applications nécessitant une autonomie étendue et des temps de recharge rapides.

En outre, la disponibilité limitée des ressources en hydrogène et les défis associés à sa production, son stockage et sa distribution peuvent limiter son adoption à grande échelle. Cependant, avec l'accent croissant mis sur la transition vers une économie bas-carbone et la réduction des émissions de gaz à effet de serre, les véhicules à hydrogène sont appelés à jouer un rôle de plus en plus important dans le paysage de la mobilité future.

Les véhicules à hydrogène représentent une alternative prometteuse aux véhicules électriques traditionnels, offrant des avantages significatifs en termes d'autonomie, de temps de recharge et de durabilité environnementale. Bien qu'ils soient confrontés à des défis et des limitations, tels que l'infrastructure de ravitaillement en hydrogène limitée et les coûts initiaux élevés, leur adoption à grande échelle pourrait contribuer à accélérer la transition vers une mobilité plus propre, plus durable et plus résiliente. Avec des investissements continus dans la recherche, le développement et la commercialisation de véhicules à hydrogène, il est possible de créer un avenir où la mobilité est alimentée par une énergie propre et renouvelable.

35 - Les avantages de l'hydrogène dans les transports

L'hydrogène est de plus en plus considéré comme une alternative prometteuse dans le domaine des transports, offrant une gamme d'avantages significatifs par rapport aux carburants conventionnels.

Tout d'abord, l'un des principaux avantages de l'hydrogène dans les transports est son impact environnemental réduit. Contrairement aux carburants conventionnels tels que l'essence et le diesel, l'hydrogène ne produit pas d'émissions nocives lorsqu'il est utilisé dans des véhicules à pile à combustible. En effet, les seuls sous-produits de la réaction entre l'hydrogène et l'oxygène dans une pile à combustible sont de l'eau et de la chaleur, ce qui contribue à réduire les émissions de gaz à effet de serre et à améliorer la qualité de l'air.

Deuxièmement, l'hydrogène offre une efficacité énergétique élevée dans les transports. Les véhicules à pile à combustible alimentés par de l'hydrogène peuvent convertir jusqu'à 60% de l'énergie chimique contenue dans l'hydrogène en électricité, ce qui les rend plus efficaces que les moteurs à combustion interne alimentés par des carburants conventionnels. Cette efficacité accrue permet aux véhicules à hydrogène de parcourir des distances plus longues avec une quantité d'énergie donnée, contribuant ainsi à réduire la dépendance aux combustibles fossiles et à améliorer la durabilité énergétique.

Un autre avantage majeur de l'hydrogène dans les transports est sa polyvalence. Contrairement aux véhicules électriques alimentés par batterie, qui sont limités par la capacité de leur batterie et les temps de recharge nécessaires, les véhicules à hydrogène offrent une autonomie étendue et des temps de ravitaillement rapides, ce qui les rend adaptés à une gamme plus large d'applications, y compris les longs trajets et les véhicules lourds tels que les camions et les autobus.

De plus, l'hydrogène est une ressource abondante et largement disponible, ce qui en fait une solution durable pour répondre aux besoins énergétiques futurs dans les transports. L'hydrogène peut être produit à partir de diverses sources d'énergie renouvelable telles que l'énergie solaire, éolienne ou hydraulique, offrant ainsi une alternative propre et renouvelable aux carburants fossiles. De plus, l'hydrogène peut être produit localement, ce qui réduit la dépendance aux importations de combustibles et renforce la sécurité énergétique des nations.

En outre, l'utilisation de l'hydrogène dans les transports peut contribuer à stimuler l'innovation et la croissance économique. L'essor de l'industrie de l'hydrogène dans les transports crée de nouvelles opportunités d'emploi et de développement économique, stimulant ainsi la croissance économique et renforçant la compétitivité des entreprises dans le secteur des transports. De plus, les investissements dans la recherche, le développement et la commercialisation de technologies de l'hydrogène peuvent catalyser l'innovation et favoriser l'adoption de solutions de transport plus durables et plus efficaces à l'échelle mondiale.

Cependant, malgré ces avantages, l'adoption généralisée de l'hydrogène dans les transports est encore confrontée à plusieurs défis et obstacles. Tout d'abord, l'infrastructure de ravitaillement en hydrogène est encore limitée dans de nombreuses régions, ce qui limite la disponibilité et l'accessibilité des stations-service d'hydrogène. De plus, les coûts initiaux des véhicules à hydrogène et des infrastructures associées peuvent être plus élevés que ceux des véhicules conventionnels, ce qui peut limiter leur adoption à grande échelle.

L'hydrogène offre une gamme d'avantages significatifs dans les transports, notamment en ce qui concerne son impact environnemental réduit, son efficacité énergétique élevée, sa polyvalence et sa durabilité. Bien que des défis subsistent, tels que l'infrastructure de ravitaillement limitée et les coûts initiaux élevés, des investissements continus dans la recherche, le développement et la commercialisation de technologies de l'hydrogène peuvent contribuer à surmonter ces obstacles et à promouvoir une transition vers une mobilité plus propre, plus durable et plus résiliente.

36 - La première utilisation comme gaz de levage

L'histoire de la première utilisation de l'hydrogène comme gaz de levage remonte au XVIIIe siècle, une époque marquée par une curiosité croissante pour les sciences naturelles et les expérimentations technologiques. Cette période a vu l'émergence de nombreuses innovations dans divers domaines, y compris celui de l'aérostation.

Au XVIIIe siècle, l'intérêt pour l'aérostation, la science du vol dans les airs, a explosé en Europe. Les frères Montgolfier, Joseph et Étienne, ont été parmi les pionniers de cette nouvelle forme de transport. Ils ont développé des ballons à air chaud pour s'élever dans les cieux, mais ces premiers ballons présentaient des limites en termes de durée de vol et de contrôlabilité.

Pour surmonter les limitations des ballons à air chaud, les scientifiques et les inventeurs ont commencé à rechercher un gaz de levage plus efficace et plus léger que l'air. L'hydrogène a rapidement émergé comme un candidat prometteur en raison de sa légèreté et de sa capacité à fournir une portance suffisante pour soulever des ballons.

Jacques Charles, un physicien français, a été l'un des premiers à explorer les propriétés de l'hydrogène dans le contexte de l'aérostation. En 1783, Charles a mené une série d'expériences où il a rempli un ballon de soie avec de l'hydrogène, démontrant ainsi sa capacité à s'élever dans les airs.

Le 27 août 1783, Jacques Charles et ses collaborateurs ont réalisé un vol historique à bord d'un ballon à hydrogène dans les jardins de la Folie Titon à Paris. Le ballon, rempli d'hydrogène, s'est élevé dans les airs avec succès, marquant ainsi le début de l'ère de l'aérostation à l'hydrogène.

L'utilisation réussie de l'hydrogène comme gaz de levage a ouvert de nouvelles possibilités dans le domaine de l'aviation. Les ballons à hydrogène sont devenus des instruments de recherche scientifique, de voyages d'exploration et même de divertissement. Cependant, les risques associés à l'hydrogène, notamment son inflammabilité, ont également été rapidement identifiés.

Malgré ses avantages en termes de portance, l'hydrogène présentait des inconvénients majeurs en matière de sécurité. Sa nature hautement inflammable a conduit à plusieurs accidents tragiques, dont le plus célèbre est le désastre du Hindenburg en 1937. Cette catastrophe a marqué un tournant dans l'histoire de l'aérostation à l'hydrogène et a conduit à l'abandon progressif de cette technologie.

À la suite des accidents liés à l'hydrogène, les aéronautes ont commencé à explorer d'autres gaz de levage plus sûrs, tels que l'hélium, qui est non inflammable. Bien que l'hélium soit plus sûr que l'hydrogène, il est plus rare et plus coûteux à produire, ce qui a limité son utilisation à grande échelle.

Malgré ses défis en matière de sécurité, l'hydrogène a joué un rôle crucial dans les débuts de l'aérostation et a contribué à jeter les bases de l'aviation moderne. Son utilisation a permis des avancées significatives dans la compréhension de la navigation aérienne et a ouvert la voie à des développements ultérieurs dans le domaine de l'aérospatiale.

Aujourd'hui, l'aviation repose largement sur des technologies et des carburants plus sûrs, mais l'histoire de l'hydrogène dans l'aérostation reste un chapitre important dans le récit de l'aviation. Ses débuts ont marqué le début d'une ère de découvertes et d'innovations qui ont transformé notre façon de voyager et de comprendre le monde qui nous entoure.

L'histoire de la première utilisation de l'hydrogène comme gaz de levage souligne l'importance de l'innovation responsable et de la prise en compte des risques potentiels dans le développement de nouvelles technologies. Bien que l'hydrogène ait présenté des avantages en termes de portance, ses inconvénients en matière de sécurité ont rappelé l'importance de trouver un équilibre entre l'audace scientifique et la prudence technique.

37 - Le mystère du dirigeable Hindenburg

Le mystère entourant la disparition tragique du dirigeable Hindenburg le 6 mai 1937 à Lakehurst dans le New Jersey, reste l'un des événements les plus célèbres de l'histoire de l'aviation. Ce désastre a non seulement mis fin à l'ère des grands dirigeables commerciaux, mais a également soulevé de nombreuses questions et théories sur les causes de l'incendie qui a consumé le célèbre LZ 129 Hindenburg.

Le Hindenburg, un dirigeable allemand de classe LZ 129, effectuait son premier vol transatlantique de l'année 1937, reliant l'Allemagne à Lakehurst, New Jersey. À son bord, 36 passagers et 61 membres d'équipage, ainsi qu'une cargaison de courrier et d'objets précieux.

Le dirigeable était prévu pour arriver à Lakehurst dans l'après-midi du 6 mai 1937. Alors qu'il se préparait à l'atterrissage, une tempête orageuse sévissait dans la région, compliquant les opérations de manœuvre au sol.

Alors que le Hindenburg tentait de se poser, un incendie s'est soudainement déclaré près de la queue du dirigeable. En quelques secondes seulement, les flammes ont ravagé la structure du dirigeable, provoquant son effondrement spectaculaire sur le terrain de l'aérodrome de Lakehurst.

Malheureusement, 36 personnes ont perdu la vie dans le désastre, dont 13 passagers et 22 membres d'équipage, ainsi qu'un travailleur au sol. De nombreux autres ont été blessés, certains grièvement, dans l'incendie et l'effondrement du dirigeable.

Les témoins oculaires ont rapporté avoir vu des flammes s'échapper du dirigeable juste avant l'incendie. Certains ont décrit des décharges électriques ou des éclairs, suggérant que la tempête électrique pourrait avoir joué un rôle dans l'incident.

Plusieurs enquêtes ont été menées pour déterminer la cause de l'incendie. Les conclusions ont varié, mais la plupart ont conclu que l'incendie avait été déclenché par une étincelle électrique résultant d'une décharge électrostatique ou d'une fuite de gaz d'hydrogène.

L'une des théories les plus répandues sur la cause de l'incendie est que l'hydrogène, utilisé comme gaz de levage dans le Hindenburg, aurait pris feu au contact de l'air ou d'une source d'inflammation. L'hydrogène est un gaz hautement inflammable et sa combustion rapide aurait pu causer l'incendie spectaculaire qui a détruit le dirigeable.

Bien que la théorie de l'hydrogène soit largement acceptée, d'autres hypothèses ont été avancées au fil des ans, notamment des défauts de conception ou de construction, des sabotage intentionnels ou des causes électriques telles qu'une étincelle provenant d'une ligne électrique à proximité.

Le désastre du Hindenburg a eu un impact profond sur l'industrie aéronautique et a marqué la fin de l'âge d'or des dirigeables commerciaux. Il a également conduit à l'abandon de l'hydrogène comme gaz de levage au profit de l'hélium, considéré comme plus sûr en raison de son caractère non inflammable.

Malgré les années écoulées depuis le désastre, le souvenir du Hindenburg demeure vivace dans l'imaginaire collectif. Des commémorations annuelles et des hommages continuent d'être organisés pour honorer la mémoire des victimes et pour rappeler les leçons tirées de cette tragédie.

38 - Les défis de l'infrastructure de ravitaillement

L'infrastructure de ravitaillement en hydrogène est un élément clé pour favoriser l'adoption généralisée des véhicules à hydrogène et d'autres applications utilisant cette source d'énergie. Cependant, malgré les progrès réalisés dans ce domaine, de nombreux défis subsistent, freinant ainsi le déploiement à grande échelle de cette technologie prometteuse.

Tout d'abord, l'un des défis majeurs de l'infrastructure de ravitaillement en hydrogène est son coût élevé de déploiement et de construction. Les stations-service d'hydrogène nécessitent des équipements spécifiques, tels que des électrolyseurs, des compresseurs, des réservoirs de stockage et des distributeurs, ce qui représente un investissement financier considérable. De plus, les coûts de maintenance et d'exploitation de ces installations sont également significatifs, ce qui peut rendre difficile la rentabilisation des investissements pour les opérateurs.

Un autre défi est la nécessité de développer une infrastructure de ravitaillement en hydrogène à grande échelle pour répondre à la demande croissante des véhicules à hydrogène. Actuellement, l'infrastructure de ravitaillement en hydrogène est limitée à quelques régions pilotes dans le monde, ce qui limite la disponibilité et l'accessibilité des stations-service d'hydrogène pour les consommateurs. Pour surmonter ce défi, des investissements importants sont nécessaires pour étendre l'infrastructure de ravitaillement en hydrogène à l'échelle nationale et internationale.

De plus, l'infrastructure de ravitaillement en hydrogène nécessite une coordination et une collaboration étroites entre les gouvernements, les industries et d'autres parties prenantes pour assurer son développement harmonieux. Cela comprend la mise en place de normes et de réglementations appropriées, ainsi que la promotion de politiques favorables à l'adoption de l'hydrogène dans les transports et d'autres applications. De plus, il est nécessaire de sensibiliser et d'éduquer le public sur les avantages de l'hydrogène et sur l'importance de développer une infrastructure de ravitaillement en hydrogène robuste et fiable.

Un autre défi majeur est la nécessité de garantir la sécurité des installations de ravitaillement en hydrogène, ainsi que la sécurité des opérations et des utilisateurs. L'hydrogène est un gaz hautement inflammable et peut présenter des risques de sécurité s'il n'est pas manipulé correctement. Par conséquent, il est essentiel de mettre en place des mesures de sécurité strictes, telles que des procédures d'urgence et des systèmes de détection des fuites, pour minimiser les risques associés à l'utilisation et au stockage de l'hydrogène.

En outre, l'approvisionnement en hydrogène est un défi important pour l'infrastructure de ravitaillement en hydrogène. Actuellement, la plupart de l'hydrogène est produit à partir de sources d'énergie fossile, ce qui entraîne des émissions de gaz à effet de serre et des préoccupations environnementales. Pour promouvoir une transition vers une économie de l'hydrogène plus propre et plus durable, il est nécessaire de développer des sources d'hydrogène renouvelable, telles que l'électrolyse de l'eau alimentée par des énergies renouvelables, et d'investir dans des infrastructures de production d'hydrogène vert.

Enfin, la sensibilisation du public et la confiance dans l'hydrogène sont des défis importants pour l'adoption généralisée de l'hydrogène dans les transports. Beaucoup de gens ne sont pas encore familiers avec la technologie de l'hydrogène et peuvent avoir des préjugés ou des inquiétudes quant à sa sécurité, sa fiabilité et sa disponibilité. Par conséquent, il est nécessaire de mener des campagnes de sensibilisation et d'éducation pour informer le public sur les avantages de l'hydrogène et pour promouvoir une acceptation plus large de cette technologie.

L'infrastructure de ravitaillement en hydrogène est confrontée à plusieurs défis importants, notamment des coûts élevés, une disponibilité limitée, des questions de sécurité et des préoccupations environnementales. Cependant, avec des investissements continus dans la recherche, le développement et le déploiement de technologies de l'hydrogène, ainsi qu'avec une collaboration étroite entre les gouvernements, les industries et d'autres parties prenantes, il est possible de surmonter ces défis et de promouvoir une transition réussie vers une économie de l'hydrogène plus propre, plus durable et plus résiliente.

39 - Les trains à hydrogène : une réalité émergente

Les trains à hydrogène représentent une innovation prometteuse dans le domaine du transport ferroviaire, offrant une alternative propre et durable aux trains diesel traditionnels. Ces trains, alimentés par des piles à combustible à hydrogène, émettent uniquement de l'eau et de la chaleur comme sous-produits, réduisant ainsi les émissions de gaz à effet de serre et améliorant la qualité de l'air.

Tout d'abord, les trains à hydrogène offrent une alternative propre et durable aux trains diesel traditionnels. Contrairement aux trains diesel, qui dépendent de combustibles fossiles et émettent des polluants atmosphériques nocifs tels que les particules fines et les oxydes d'azote, les trains à hydrogène utilisent des piles à combustible pour produire de l'électricité à bord du train en combinant de l'hydrogène avec de l'oxygène de l'air. Cette réaction génère de l'électricité pour alimenter les moteurs électriques du train, offrant ainsi une propulsion propre et silencieuse.

Un avantage majeur des trains à hydrogène est leur faible impact environnemental. En utilisant de l'hydrogène comme carburant, ces trains éliminent les émissions de gaz à effet de serre et les polluants atmosphériques associés aux trains diesel traditionnels, contribuant ainsi à réduire l'empreinte carbone du transport ferroviaire et à améliorer la qualité de l'air dans les zones urbaines et les régions sensibles sur le plan environnemental. De plus, comme les sous-produits de la réaction à la pile à combustible sont de l'eau et de la chaleur, les trains à hydrogène sont considérés comme une solution de transport propre et durable pour l'avenir.

Un autre avantage des trains à hydrogène est leur autonomie étendue et leur flexibilité opérationnelle. Contrairement aux trains électriques alimentés par des caténaires ou des lignes aériennes, qui sont limités par l'infrastructure de traction électrique, les trains à hydrogène peuvent fonctionner de manière autonome sur des voies non électrifiées, offrant ainsi une plus grande flexibilité opérationnelle pour les exploitants ferroviaires. De plus, les temps de ravitaillement des trains à hydrogène sont généralement courts, ce qui permet de réduire les temps d'arrêt et d'augmenter la disponibilité opérationnelle des trains.

Cependant, malgré ces avantages, les trains à hydrogène sont confrontés à plusieurs défis et obstacles qui limitent leur adoption à grande échelle. Tout d'abord, l'infrastructure de ravitaillement en hydrogène est encore limitée dans de nombreuses régions, ce qui limite la disponibilité et l'accessibilité des stations-service d'hydrogène pour les opérateurs ferroviaires. De plus, les coûts initiaux des trains à hydrogène et des infrastructures associées peuvent être plus élevés que ceux des trains diesel traditionnels, ce qui peut rendre difficile la rentabilisation des investissements pour les exploitants ferroviaires.

De plus, la production et la distribution d'hydrogène à grande échelle présentent également des défis importants. Actuellement, la plupart de l'hydrogène est produit à partir de sources d'énergie fossile, ce qui entraîne des émissions de gaz à effet de serre et des préoccupations environnementales. Pour promouvoir une transition vers une économie de l'hydrogène plus propre et plus durable, il est nécessaire de développer des sources d'hydrogène renouvelable, telles que l'électrolyse de l'eau alimentée par des énergies renouvelables, et d'investir dans des infrastructures de production d'hydrogène vert.

En outre, la sensibilisation du public et la confiance dans les trains à hydrogène sont des défis importants pour leur adoption généralisée. Beaucoup de gens ne sont pas encore familiers avec la technologie de l'hydrogène et peuvent avoir des préjugés ou des inquiétudes quant à sa sécurité, sa fiabilité et sa disponibilité. Par conséquent, il est nécessaire de mener des campagnes de sensibilisation et d'éducation pour informer le public sur les avantages des trains à hydrogène et pour promouvoir une acceptation plus large de cette technologie.

Les trains à hydrogène représentent une réalité émergente dans le domaine du transport ferroviaire, offrant une alternative propre, durable et efficiente aux trains diesel traditionnels. Bien qu'ils soient confrontés à plusieurs défis et obstacles, tels que l'infrastructure de ravitaillement limitée, les coûts initiaux élevés et les préoccupations environnementales, leur adoption à grande échelle pourrait contribuer à accélérer la transition vers une mobilité plus propre, plus durable et plus résiliente. Avec des investissements continus dans la recherche, le développement et le déploiement de trains à hydrogène, il est possible de créer un avenir où le transport ferroviaire est alimenté par une énergie propre et renouvelable.

40 - L'hydrogène dans l'industrie pétrochimique

L'hydrogène joue un rôle crucial dans l'industrie pétrochimique, où il est utilisé dans divers processus de production et de raffinage pour produire une gamme de produits chimiques et de carburants essentiels à notre vie quotidienne.

Tout d'abord, l'hydrogène est largement utilisé dans le raffinage du pétrole pour convertir les hydrocarbures lourds en produits plus légers et plus précieux, tels que l'essence, le diesel, le kérosène et le gaz de pétrole liquéfié (GPL). Le procédé de reformage catalytique à la vapeur est l'une des principales utilisations de l'hydrogène dans le raffinage du pétrole, où il est utilisé pour décomposer les hydrocarbures longs en hydrocarbures plus courts et plus réactifs, qui peuvent ensuite être convertis en produits finis plus précieux.

De plus, l'hydrogène est utilisé dans la production de nombreux produits chimiques essentiels, tels que l'ammoniac, le méthanol, le propylène, le butadiène, l'hydrogène chloré et l'hydrogène sulfuré. Par exemple, l'ammoniac est produit par synthèse directe à partir d'hydrogène et d'azote atmosphérique, et est largement utilisé comme engrais dans l'agriculture et comme matière première pour la fabrication d'autres produits chimiques. De même, le méthanol est produit par reformage du gaz naturel ou du charbon avec de la vapeur d'eau, et est utilisé comme matière première dans la production de plastiques, de peintures, de solvants et d'autres produits chimiques.

Un autre domaine d'application important de l'hydrogène dans l'industrie pétrochimique est la production d'hydrocarbures à partir de biomasse et d'autres sources renouvelables. L'hydrogène peut être utilisé comme agent de conversion dans des processus tels que la gazéification et la pyrolyse, où la biomasse est décomposée en composés organiques volatils (COV) qui peuvent ensuite être convertis en hydrocarbures liquides ou en gaz de synthèse. Cette approche offre une alternative durable aux hydrocarbures fossiles et contribue à réduire les émissions de gaz à effet de serre associées à l'industrie pétrochimique.

De plus, l'hydrogène est utilisé dans des processus de traitement chimique et de raffinage pour éliminer les impuretés et améliorer la qualité des produits finis. Par exemple, l'hydrogène est utilisé dans l'hydrotraitement pour éliminer le soufre, l'azote et d'autres contaminants des fractions pétrolières, ce qui permet de produire des carburants plus propres et plus respectueux de l'environnement. De même, l'hydrogénation catalytique est utilisée pour saturer les doubles liaisons dans les hydrocarbures insaturés, améliorant ainsi leurs propriétés de stabilité et de résistance à l'oxydation.

En outre, l'hydrogène est un vecteur énergétique essentiel dans l'industrie pétrochimique, où il est utilisé comme source d'énergie pour les procédés de production et de traitement chimique. Par exemple, l'hydrogène est utilisé comme gaz de purge dans les réacteurs et les colonnes de distillation pour éliminer les impuretés et maintenir des conditions de réaction optimales. De plus, l'hydrogène est utilisé comme gaz de protection dans les procédés de soudage et de brasage pour empêcher l'oxydation et assurer des joints de qualité.

L'hydrogène joue un rôle essentiel dans l'industrie pétrochimique, où il est utilisé dans divers processus de production et de raffinage pour produire une gamme de produits chimiques et de carburants essentiels à notre vie quotidienne. De sa contribution au raffinage du pétrole à sa utilisation dans la production de produits chimiques de base et de sources d'énergie alternatives, l'hydrogène est un élément fondamental de l'économie mondiale et jouera un rôle de plus en plus important dans la transition vers une économie plus propre, plus durable et plus résiliente.

41 - L'hydrogène dans la production d'ammoniac

La production d'ammoniac est l'une des applications les plus importantes de l'hydrogène dans l'industrie chimique. L'ammoniac est un composé chimique essentiel utilisé dans la fabrication d'une grande variété de produits, notamment des engrais, des produits de nettoyage, des plastiques et des produits pharmaceutiques.

Tout d'abord, la production d'ammoniac commence par la synthèse directe de l'azote atmosphérique (N2) et de l'hydrogène (H2) pour former de l'ammoniac (NH3) dans un processus appelé le procédé Haber-Bosch. Ce processus, inventé par Fritz Haber et Carl Bosch au début du 20e siècle, est l'une des réalisations les plus importantes de l'industrie chimique moderne et a révolutionné la production d'engrais et d'autres produits chimiques de base.

Le procédé Haber-Bosch repose sur l'utilisation de catalyseurs à base de fer ou de cobalt pour favoriser la réaction entre l'azote et l'hydrogène à haute température (environ 400-500 °C) et haute pression (environ 200-300 atmosphères). Cette réaction produit de l'ammoniac sous forme de gaz, qui est ensuite liquéfié et stocké pour une utilisation ultérieure dans la fabrication d'engrais et d'autres produits chimiques.

L'hydrogène joue un rôle crucial dans le procédé Haber-Bosch, en tant que réactif clé pour la production d'ammoniac. Environ trois moles d'hydrogène sont nécessaires pour chaque mole d'azote pour produire de l'ammoniac, ce qui signifie que la disponibilité d'une source abondante et peu coûteuse d'hydrogène est essentielle pour assurer une production d'ammoniac rentable et efficace.

De plus, l'hydrogène est également utilisé dans le procédé Haber-Bosch comme gaz de dilution pour contrôler la température et la pression de réaction. En ajustant le rapport hydrogène/azote et la pression de réaction, il est possible d'optimiser les conditions de réaction pour maximiser le rendement en ammoniac et minimiser les coûts énergétiques et les émissions de gaz à effet de serre associées au procédé.

Un avantage majeur du procédé Haber-Bosch est sa capacité à produire de grandes quantités d'ammoniac à partir de sources d'azote et d'hydrogène relativement abondantes, telles que l'air et le gaz naturel. Cette approche a permis de répondre à la demande croissante d'engrais et d'autres produits chimiques de base nécessaires à l'agriculture et à l'industrie, contribuant ainsi à stimuler la croissance économique et à améliorer la sécurité alimentaire dans le monde entier.

Cependant, malgré ses avantages, la production d'ammoniac présente également des défis et des préoccupations en matière de durabilité environnementale. Par exemple, le procédé Haber-Bosch consomme d'importantes quantités d'énergie et génère des émissions de gaz à effet de serre, en particulier de dioxyde de carbone (CO_2) provenant de la combustion des combustibles fossiles utilisés pour produire de l'hydrogène. De plus, la production d'ammoniac est souvent associée à des problèmes de pollution de l'eau et de la terre dus aux rejets de produits chimiques toxiques et de sous-produits indésirables.

Pour relever ces défis, des efforts sont en cours pour développer des technologies plus durables et efficaces pour la production d'ammoniac. Par exemple, des recherches sont menées sur des catalyseurs plus efficaces et des procédés de réaction plus économes en énergie pour réduire les coûts et les émissions associées à la production d'ammoniac. De plus, des initiatives visant à utiliser des sources d'hydrogène renouvelable, telles que l'électrolyse de l'eau alimentée par des énergies renouvelables, sont en cours pour réduire l'empreinte carbone de la production d'ammoniac et promouvoir une transition vers une économie plus propre et plus durable.

L'hydrogène joue un rôle crucial dans la production d'ammoniac, en tant que réactif clé dans le procédé Haber-Bosch. Ce processus, bien qu'essentiel pour la fabrication d'engrais et d'autres produits chimiques de base, présente également des défis en matière de durabilité environnementale, notamment des émissions de gaz à effet de serre et des préoccupations liées à la pollution de l'eau et de la terre. Cependant, avec des investissements continus dans la recherche, le développement et l'adoption de technologies plus durables, il est possible de surmonter ces défis et de promouvoir une production d'ammoniac plus propre, plus efficace et plus respectueuse de l'environnement.

42 - Utilisations de l'hydrogène comme gaz de protection

L'hydrogène est largement utilisé comme gaz de protection dans de nombreux processus industriels pour prévenir l'oxydation, améliorer la qualité des produits finis et garantir des conditions de travail optimales.

Tout d'abord, l'hydrogène est utilisé comme gaz de protection dans les procédés de soudage et de brasage pour prévenir l'oxydation et assurer des joints de qualité. Dans le soudage à l'arc submergé, par exemple, l'hydrogène est introduit autour de l'arc électrique pour empêcher l'oxydation du métal fondu et maintenir des conditions de soudage stables. De même, dans le brasage à l'hydrogène, l'hydrogène est utilisé pour éliminer l'oxygène de l'atmosphère autour du joint de brasage, ce qui permet d'obtenir des joints propres et résistants.

De plus, l'hydrogène est utilisé comme gaz de protection dans les procédés de fabrication de métaux pour éliminer les impuretés et améliorer la qualité des produits finis. Par exemple, dans la coulée continue de l'acier, l'hydrogène est injecté dans le moule pour empêcher l'oxydation de la surface du métal fondu et réduire les défauts de surface dans les produits finis. De même, dans la fabrication de métaux en poudre, l'hydrogène est utilisé pour éliminer les oxydes de surface et améliorer la pureté des poudres métalliques produites.

Un autre domaine d'application important de l'hydrogène comme gaz de protection est dans l'industrie électronique pour la fabrication de semi-conducteurs et de composants électroniques. L'hydrogène est utilisé pour nettoyer les surfaces des matériaux semi-conducteurs et éliminer les contaminants organiques et inorganiques qui pourraient affecter les performances des dispositifs électroniques. De plus, l'hydrogène est utilisé comme gaz de transport dans les réacteurs de dépôt chimique en phase vapeur (CVD) pour déposer des films minces de matériaux semi-conducteurs sur les substrats avec une pureté élevée et une faible contamination.

En outre, l'hydrogène est utilisé comme gaz de protection dans les procédés de traitement thermique pour prévenir l'oxydation et améliorer les propriétés des matériaux. Dans la trempe à l'hydrogène, par exemple, les pièces métalliques sont chauffées à haute température dans une atmosphère d'hydrogène pour améliorer leur résistance et leur durabilité. De même, dans le recuit à l'hydrogène, l'hydrogène est utilisé pour éliminer les oxydes de surface et améliorer la ductilité et la résilience des matériaux.

Enfin, l'hydrogène est également utilisé comme gaz de protection dans les procédés de production de gaz industriels pour garantir des conditions de travail sûres et efficaces. Dans la production d'acétylène par hydrogénation du carbure de calcium, par exemple, l'hydrogène est utilisé comme gaz de dilution pour stabiliser la réaction et prévenir la formation de sous-produits indésirables. De même, dans la production d'ammoniac par le procédé Haber-Bosch, l'hydrogène est utilisé comme réactif clé pour produire de l'ammoniac à partir d'azote atmosphérique, contribuant ainsi à la production d'engrais et d'autres produits chimiques de base essentiels.

L'hydrogène joue un rôle crucial comme gaz de protection dans de nombreux processus industriels pour prévenir l'oxydation, améliorer la qualité des produits finis et garantir des conditions de travail optimales. Des applications allant du soudage à la fabrication de semi-conducteurs en passant par le traitement thermique et la production de gaz industriels, l'hydrogène offre une solution polyvalente et efficace pour répondre aux besoins de diverses industries et contribuer à une fabrication plus propre, plus sûre et plus efficace.

43 - L'hydrogène dans les piles à combustible

Les piles à combustible sont des dispositifs électrochimiques qui convertissent l'énergie chimique directement en électricité, avec de l'eau et de la chaleur comme sous-produits. Parmi les différentes sources d'énergie utilisées dans les piles à combustible, l'hydrogène est l'un des principaux carburants en raison de sa propreté et de son efficacité.

Tout d'abord, les piles à combustible sont composées de plusieurs couches, dont une membrane électrolytique, des électrodes et des catalyseurs. Lorsque de l'hydrogène est introduit du côté de l'anode de la pile à combustible, il réagit avec le catalyseur pour former des ions hydrogène et des électrons libres. Les ions hydrogène traversent ensuite la membrane électrolytique vers la cathode, tandis que les électrons se déplacent à travers un circuit externe, créant ainsi un courant électrique qui peut être utilisé pour alimenter des appareils électriques.

Un avantage majeur des piles à combustible à l'hydrogène est leur propreté et leur respect de l'environnement. Contrairement aux moteurs à combustion interne qui brûlent des combustibles fossiles et émettent des polluants atmosphériques nocifs tels que le dioxyde de carbone (CO_2), les piles à combustible produisent de l'électricité en combinant de l'hydrogène avec de l'oxygène de l'air, ne produisant que de l'eau et de la chaleur comme sous-produits. Cela en fait une solution attractive pour réduire les émissions de gaz à effet de serre et améliorer la qualité de l'air, en particulier dans les secteurs du transport et de la production d'électricité.

De plus, les piles à combustible à l'hydrogène offrent une efficacité énergétique élevée et une grande densité énergétique. Étant donné que les piles à combustible fonctionnent selon le principe de la conversion directe de l'énergie chimique en électricité, elles peuvent atteindre des rendements énergétiques bien supérieurs à ceux des moteurs à combustion interne traditionnels, qui convertissent l'énergie chimique en énergie mécanique, puis en électricité. De plus, l'hydrogène a une densité énergétique élevée par rapport à d'autres carburants, ce qui signifie qu'il peut fournir plus d'énergie par unité de poids ou de volume.

Un autre avantage des piles à combustible à l'hydrogène est leur polyvalence et leur adaptabilité à différentes applications. Ils peuvent être utilisés dans une variété de véhicules, y compris les voitures, les camions, les bus et les trains, ainsi que dans les applications stationnaires telles que les systèmes de secours d'urgence, les générateurs de secours et les installations de cogénération. De plus, les piles à combustible peuvent être utilisées dans des environnements sensibles sur le plan environnemental, tels que les zones urbaines et les zones protégées, où les émissions de polluants atmosphériques sont particulièrement préoccupantes.

Cependant, malgré leurs nombreux avantages, les piles à combustible à l'hydrogène sont confrontées à plusieurs défis et obstacles à leur adoption généralisée. Tout d'abord, la production, le stockage et la distribution d'hydrogène à grande échelle nécessitent des investissements importants dans l'infrastructure, ce qui peut être un obstacle majeur pour le déploiement à grande échelle des piles à combustible. De plus, la sécurité des systèmes de stockage et de distribution d'hydrogène reste une préoccupation importante, en particulier en ce qui concerne les risques de fuite et d'explosion.

De plus, le coût initial des piles à combustible à l'hydrogène reste élevé par rapport aux technologies de propulsion traditionnelles, ce qui peut rendre difficile leur adoption par les consommateurs et les industries. Cependant, avec des avancées continues dans la technologie des piles à combustible, ainsi que des politiques de soutien gouvernementales et des incitations financières pour encourager leur adoption, il est possible de surmonter ces défis et de promouvoir une transition réussie vers une économie de l'hydrogène plus propre, plus durable et plus résiliente.

L'hydrogène joue un rôle crucial dans les piles à combustible en tant que carburant propre et efficace pour la production d'électricité. Avec leurs avantages en termes de propreté, d'efficacité et de polyvalence, les piles à combustible à l'hydrogène offrent une solution prometteuse pour réduire les émissions de gaz à effet de serre et améliorer la durabilité énergétique dans une variété d'applications, de la mobilité au secteur industriel. Avec des investissements continus dans la recherche, le développement et le déploiement de cette technologie, il est possible de réaliser le plein potentiel des piles à combustible à l'hydrogène pour façonner un avenir énergétique plus propre, plus sûr et plus durable.

44 - L'hydrogène dans l'industrie de l'acier

L'hydrogène joue un rôle crucial dans l'industrie de l'acier, tant dans le processus de production que dans le traitement thermique et la fabrication de produits finis.

Tout d'abord, l'hydrogène est utilisé dans le processus de production d'acier pour réduire les oxydes de fer et éliminer les impuretés, ce qui permet d'obtenir de l'acier de haute qualité. Dans le haut fourneau, par exemple, l'hydrogène est utilisé comme gaz de réduction pour réduire les oxydes de fer à partir du minerai de fer et du coke, produisant ainsi du fer liquide qui peut être transformé en acier. De même, dans le procédé de réduction directe du minerai de fer, l'hydrogène est utilisé pour réduire directement le minerai de fer en fer métallique, ce qui permet de réduire les émissions de CO_2 associées à la production d'acier.

De plus, l'hydrogène est utilisé dans le traitement thermique de l'acier pour améliorer ses propriétés mécaniques, telles que la résistance, la ductilité et la résilience. Dans le recuit à l'hydrogène, par exemple, l'acier est chauffé à haute température dans une atmosphère d'hydrogène pour éliminer les impuretés et les défauts de surface, ce qui améliore la qualité du matériau et sa résistance à la fatigue et à la corrosion. De même, dans la trempe à l'hydrogène, l'acier est refroidi rapidement dans une atmosphère d'hydrogène pour durcir sa surface et améliorer sa résistance à l'usure et à l'abrasion.

Un autre domaine d'application important de l'hydrogène dans l'industrie de l'acier est la fabrication de produits finis tels que les tubes, les tôles et les barres. Dans le laminage à chaud, par exemple, l'hydrogène est utilisé comme gaz de protection pour empêcher l'oxydation de la surface de l'acier lorsqu'il est chauffé à haute température et laminé en produits finis. De même, dans le soudage à l'arc submergé, l'hydrogène est introduit autour de l'arc électrique pour prévenir l'oxydation de la soudure et assurer des joints de qualité.

En outre, l'hydrogène est utilisé dans l'industrie de l'acier pour le traitement des déchets et des sous-produits. Dans le procédé de désulfuration de l'acier, par exemple, l'hydrogène est utilisé pour éliminer les impuretés de soufre du métal fondu, ce qui permet d'obtenir de l'acier de haute pureté pour des applications critiques telles que l'industrie automobile et l'aérospatiale. De plus, l'hydrogène est utilisé dans le recyclage de l'acier pour réduire les oxydes métalliques et récupérer les métaux ferreux et non ferreux à partir des déchets métalliques.

Cependant, malgré ses nombreux avantages, l'utilisation de l'hydrogène dans l'industrie de l'acier présente également des défis et des préoccupations. Tout d'abord, la production, le stockage et la distribution d'hydrogène à grande échelle nécessitent des investissements importants dans l'infrastructure, ce qui peut être un obstacle majeur pour le déploiement à grande échelle de l'hydrogène dans l'industrie de l'acier. De plus, la sécurité des systèmes de stockage et de distribution d'hydrogène reste une préoccupation importante, en particulier en ce qui concerne les risques de fuite et d'explosion.

L'hydrogène joue un rôle crucial dans l'industrie de l'acier, tant dans le processus de production que dans le traitement thermique et la fabrication de produits finis. Avec ses avantages en termes de réduction des émissions de CO_2, d'amélioration de la qualité du matériau et de réduction des coûts de production, l'hydrogène offre une solution prometteuse pour répondre aux besoins croissants de l'industrie de l'acier en matière de durabilité et de performance. Avec des investissements continus dans la recherche, le développement et le déploiement de cette technologie, il est possible de réaliser le plein potentiel de l'hydrogène pour façonner l'avenir de l'industrie de l'acier vers une économie plus propre, plus durable et plus résiliente.

45 - L'hydrogène comme vecteur de stockage d'énergie

L'hydrogène est de plus en plus reconnu comme un vecteur de stockage d'énergie essentiel pour faciliter la transition vers un système énergétique plus propre, plus durable et plus résilient. En tant que vecteur énergétique, l'hydrogène peut être produit à partir de sources d'énergie renouvelables telles que l'énergie solaire, éolienne et hydroélectrique, et stocké sous forme chimique pour une utilisation ultérieure dans diverses applications.

Tout d'abord, l'hydrogène peut être produit à partir d'une variété de sources d'énergie renouvelables grâce à des technologies telles que l'électrolyse de l'eau et la reformulation du biogaz. Dans l'électrolyse de l'eau, par exemple, l'eau est décomposée en hydrogène et en oxygène à l'aide d'une source d'électricité renouvelable, telle que l'énergie solaire ou éolienne, produisant ainsi de l'hydrogène vert sans émissions de CO_2. De même, dans la reformulation du biogaz, le biogaz produit à partir de la biomasse est transformé en hydrogène et en dioxyde de carbone, produisant ainsi de l'hydrogène renouvelable à partir de déchets organiques.

Une fois produit, l'hydrogène peut être stocké sous forme liquide, gazeuse ou solide pour une utilisation ultérieure dans diverses applications. Le stockage de l'hydrogène sous forme de gaz comprimé est l'une des méthodes les plus couramment utilisées, où l'hydrogène est comprimé à haute pression dans des réservoirs métalliques ou en composite pour minimiser le volume de stockage. De plus, le stockage de l'hydrogène sous forme liquide, où l'hydrogène est refroidi à des températures très basses pour le liquéfier, permet une densité énergétique plus élevée par unité de volume, ce qui facilite le transport et le stockage à grande échelle.

Une fois stocké, l'hydrogène peut être utilisé comme source d'énergie dans une variété d'applications, notamment les transports, la production d'électricité, le chauffage et la production de produits chimiques de base. Dans les transports, par exemple, l'hydrogène peut être utilisé dans les véhicules à pile à combustible pour produire de l'électricité à bord, alimentant ainsi le moteur électrique et ne produisant que de l'eau comme sous-produit. De même, dans la production d'électricité, l'hydrogène peut être utilisé dans les centrales électriques à cycle combiné, où il est brûlé dans une turbine à gaz pour produire de la chaleur et de l'électricité, offrant ainsi une solution de stockage flexible pour intégrer les énergies renouvelables intermittentes dans le réseau électrique.

Un avantage majeur de l'hydrogène comme vecteur de stockage d'énergie est sa polyvalence et sa compatibilité avec les infrastructures énergétiques existantes. En tant que gaz, l'hydrogène peut être transporté par des pipelines existants et stocké dans des réservoirs souterrains pour une utilisation ultérieure, offrant ainsi une solution de stockage flexible et évolutive pour répondre aux besoins énergétiques changeants. De plus, l'hydrogène peut être utilisé dans une variété d'applications, des transports à la production d'électricité en passant par le chauffage et la production de produits chimiques, offrant ainsi une solution polyvalente pour répondre aux besoins énergétiques diversifiés des consommateurs et des industries.

Cependant, malgré ses nombreux avantages, l'hydrogène comme vecteur de stockage d'énergie présente également des défis et des obstacles à surmonter. Tout d'abord, la production, le stockage et la distribution d'hydrogène à grande échelle nécessitent des investissements importants dans l'infrastructure, ce qui peut être un obstacle majeur pour le déploiement à grande échelle de l'hydrogène comme vecteur énergétique. De plus, la sécurité des systèmes de stockage, de transport et d'utilisation de l'hydrogène reste une préoccupation importante, en particulier en ce qui concerne les risques de fuite et d'explosion.

L'hydrogène joue un rôle crucial comme vecteur de stockage d'énergie pour faciliter la transition vers un système énergétique plus propre, plus durable et plus résilient. Avec ses avantages en termes de propreté, de polyvalence et de compatibilité avec les infrastructures énergétiques existantes, l'hydrogène offre une solution prometteuse pour répondre aux défis énergétiques mondiaux et promouvoir une économie plus propre et plus durable. Avec des investissements continus dans la recherche, le développement et le déploiement de cette technologie, il est possible de réaliser le plein potentiel de l'hydrogène comme vecteur de stockage d'énergie pour façonner un avenir énergétique plus propre, plus sûr et plus durable.

46 - Hydrogène et énergies renouvelables

L'hydrogène joue un rôle essentiel dans la transition vers un système énergétique plus propre et plus durable en tant qu'énergie renouvelable polyvalente. Contrairement aux combustibles fossiles, l'hydrogène peut être produit à partir de sources d'énergie renouvelables telles que le soleil, le vent, l'eau et la biomasse, ce qui en fait une ressource abondante et durable pour répondre aux besoins énergétiques croissants de la société moderne.

Tout d'abord, l'hydrogène peut être produit à partir d'une variété de sources d'énergie renouvelables grâce à des technologies telles que l'électrolyse de l'eau, la gazéification de la biomasse et la reformulation du biogaz. Dans l'électrolyse de l'eau, par exemple, l'électricité produite à partir de sources renouvelables telles que l'énergie solaire et éolienne est utilisée pour décomposer l'eau en hydrogène et en oxygène, produisant ainsi de l'hydrogène vert sans émissions de CO_2. De même, dans la gazéification de la biomasse, la biomasse est transformée en un mélange de gaz contenant de l'hydrogène, du monoxyde de carbone et du méthane, qui peut être converti en hydrogène pur par des techniques de purification. De plus, dans la reformulation du biogaz, le biogaz produit à partir de la biomasse est transformé en hydrogène et en dioxyde de carbone, produisant ainsi de l'hydrogène renouvelable à partir de déchets organiques.

Une fois produit, l'hydrogène peut être utilisé comme source d'énergie dans une variété d'applications, contribuant ainsi à la réduction des émissions de gaz à effet de serre et à la décarbonation de l'économie. Dans les transports, par exemple, l'hydrogène peut être utilisé dans les véhicules à pile à combustible pour produire de l'électricité à bord, alimentant ainsi le moteur électrique et ne produisant que de l'eau comme sous-produit. De même, dans la production d'électricité, l'hydrogène peut être utilisé dans les centrales électriques à cycle combiné, où il est brûlé dans une turbine à gaz pour produire de la chaleur et de l'électricité, offrant ainsi une solution de stockage flexible pour intégrer les énergies renouvelables intermittentes dans le réseau électrique.

Un avantage majeur de l'hydrogène en tant qu'énergie renouvelable est sa polyvalence et sa capacité à être utilisé dans une variété d'applications, des transports à la production d'électricité en passant par le chauffage et la production de produits chimiques. En tant que gaz propre et polyvalent, l'hydrogène offre une solution flexible pour répondre aux besoins énergétiques diversifiés des consommateurs et des industries tout en réduisant les émissions de gaz à effet de serre et en favorisant la transition vers une économie plus propre et plus durable.

L'hydrogène est une énergie renouvelable prometteuse qui peut jouer un rôle crucial dans la transition vers un système énergétique plus propre et plus durable. Avec ses avantages en termes de propreté, de polyvalence et de disponibilité à partir de sources d'énergie renouvelables, l'hydrogène offre une solution innovante pour répondre aux défis énergétiques mondiaux et promouvoir un avenir énergétique plus propre et plus durable. Avec des investissements continus dans la recherche, le développement et le déploiement de cette technologie, il est possible de réaliser le plein potentiel de l'hydrogène en tant qu'énergie renouvelable pour façonner un avenir énergétique plus durable pour les générations futures.

47 - L'hydrogène dans les voyages spatiaux

Depuis les débuts de l'exploration spatiale, l'hydrogène a joué un rôle essentiel dans les voyages spatiaux, tant pour propulser les fusées que pour fournir de l'énergie aux équipements et aux véhicules spatiaux. Son utilisation s'est avérée cruciale pour atteindre les objectifs d'exploration de l'espace et pour permettre aux astronautes de mener des missions dans des environnements extrêmes.

Tout d'abord, l'hydrogène est largement utilisé comme carburant dans les fusées pour propulser les véhicules spatiaux hors de l'atmosphère terrestre et les mettre en orbite. Le mélange d'hydrogène liquide et d'oxygène liquide est le carburant de choix pour de nombreuses fusées, y compris les lanceurs spatiaux les plus puissants comme la fusée Saturn V utilisée dans le programme Apollo. L'hydrogène offre un excellent rendement énergétique et une poussée spécifique élevée, ce qui permet aux fusées de transporter des charges utiles importantes et d'atteindre des vitesses élevées nécessaires pour atteindre l'espace.

En outre, l'hydrogène est utilisé comme propulseur dans les propulseurs ioniques et les propulseurs à plasma utilisés pour les manœuvres orbitales et les changements de trajectoire des satellites et des sondes spatiales. Ces propulseurs fonctionnent en ionisant l'hydrogène gazeux et en accélérant les ions résultants à des vitesses élevées à l'aide de champs électriques ou magnétiques. Ils offrent une efficacité énergétique supérieure à celle des propulseurs chimiques conventionnels, ce qui les rend idéaux pour les missions de longue durée dans l'espace lointain, telles que l'exploration planétaire et l'étude des astéroïdes et des comètes.

Parallèlement à son utilisation comme carburant, l'hydrogène est également utilisé comme source d'énergie pour alimenter les équipements et les véhicules spatiaux. Les piles à combustible à hydrogène sont souvent utilisées à bord des vaisseaux spatiaux pour générer de l'électricité à partir de l'hydrogène et de l'oxygène disponibles à bord, produisant ainsi de l'eau comme seul sous-produit. Cette technologie offre une source d'énergie propre et fiable pour les missions spatiales à long terme, notamment les missions habitées vers la Lune, Mars et au-delà.

Un autre domaine d'application de l'hydrogène dans les voyages spatiaux est son utilisation comme source de carburant pour les véhicules de retour sur Terre. Dans le cadre des missions habitées, les vaisseaux spatiaux doivent souvent être ravitaillés en carburant pour rentrer sur Terre après avoir accompli leur mission dans l'espace. L'hydrogène liquide peut être stocké à bord de la station spatiale ou d'autres installations orbitales et transféré aux vaisseaux spatiaux lors de missions de ravitaillement, fournissant ainsi une source de carburant essentielle pour les opérations de retour sur Terre.

En outre, l'hydrogène peut être utilisé comme matériau de propulsion pour les véhicules spatiaux à grande vitesse, tels que les vaisseaux spatiaux à propulsion nucléaire et les vaisseaux spatiaux à voile solaire. Les réacteurs à propulsion nucléaire utilisent souvent de l'hydrogène comme réactif pour produire de la poussée en chauffant l'hydrogène à des températures extrêmement élevées à l'aide d'un réacteur nucléaire à bord du vaisseau spatial. De même, les voiles solaires utilisent de l'hydrogène comme gaz propulsif pour propulser le vaisseau spatial à l'aide du rayonnement solaire, offrant ainsi une méthode de propulsion durable pour les missions interplanétaires à long terme.

Malgré ses nombreux avantages, l'utilisation de l'hydrogène dans les voyages spatiaux présente également des défis et des préoccupations. Tout d'abord, le stockage et la manipulation de l'hydrogène à bord des vaisseaux spatiaux présentent des risques potentiels en raison de sa nature hautement inflammable et de ses exigences strictes en matière de sécurité. De plus, la production d'hydrogène sur place dans l'espace à partir de ressources disponibles, telles que l'eau ou les hydrocarbures, nécessite des technologies et des infrastructures spécifiques qui doivent être développées et testées avant leur utilisation pratique dans les missions spatiales.

L'hydrogène joue un rôle essentiel dans les voyages spatiaux en tant que carburant pour propulser les fusées, source d'énergie pour alimenter les équipements et les véhicules spatiaux, et matériau de propulsion pour les véhicules à grande vitesse. Avec ses avantages en termes de rendement énergétique élevé, de propreté et de polyvalence, l'hydrogène continuera à jouer un rôle central dans l'exploration et l'exploitation de l'espace lointain, contribuant ainsi à élargir notre compréhension de l'univers et à ouvrir de nouvelles frontières dans l'exploration spatiale.

48 - Comment fonctionne un moteur à hydrogène

Un moteur à hydrogène, plus précisément un moteur à combustion interne à hydrogène, fonctionne sur le principe de la combustion contrôlée du gaz d'hydrogène avec de l'oxygène pour produire de l'énergie mécanique. Ce processus est similaire à celui des moteurs à essence ou diesel, mais au lieu de brûler du carburant fossile, le moteur utilise de l'hydrogène, un gaz propre qui ne produit que de l'eau comme sous-produit lorsqu'il est brûlé.

Pour comprendre le fonctionnement d'un moteur à hydrogène, il est important de connaître les composants principaux d'un tel moteur et leur rôle dans le processus de combustion.

Voici les éléments de base d'un moteur à hydrogène :

1. Alimentation en hydrogène : Le moteur à hydrogène nécessite un système d'alimentation en hydrogène pour fournir le gaz d'hydrogène au moteur. Le gaz d'hydrogène peut être stocké dans des réservoirs sous haute pression et dirigé vers le moteur lorsque cela est nécessaire.

2. Système d'admission d'air : Comme tout moteur à combustion interne, un moteur à hydrogène nécessite de l'air pour la combustion. L'air est aspiré dans le moteur à travers un système d'admission d'air où il est mélangé à l'hydrogène avant d'être introduit dans les chambres de combustion.

3. Chambres de combustion : Les chambres de combustion sont les endroits où le mélange d'hydrogène et d'air est brûlé pour produire de l'énergie. Dans un moteur à hydrogène, le mélange est comprimé et allumé à l'aide de bougies d'allumage ou de systèmes d'injection de carburant, déclenchant ainsi la réaction de combustion.

4. Piston : Les pistons sont des composants mobiles à l'intérieur du moteur qui se déplacent vers le haut et vers le bas dans les cylindres pour comprimer le mélange d'hydrogène et d'air et pour convertir l'énergie de la combustion en mouvement linéaire.

5. Arbre à cames et soupapes : L'arbre à cames contrôle l'ouverture et la fermeture des soupapes d'admission et d'échappement qui permettent à l'air et aux gaz d'échappement de circuler dans et hors des chambres de combustion.

6. Système d'échappement : Le système d'échappement est responsable de l'évacuation des gaz d'échappement produits lors de la combustion du mélange d'hydrogène et d'air. Les gaz d'échappement sont évacués du moteur à travers les soupapes d'échappement et dirigés vers le système d'échappement pour être expulsés à l'extérieur du véhicule.

Le fonctionnement d'un moteur à hydrogène est assez simple : le gaz d'hydrogène est introduit dans les chambres de combustion du moteur, où il est mélangé à de l'air dans des proportions optimales. Une fois que le mélange est prêt, il est comprimé par les pistons à l'intérieur des cylindres du moteur. Lorsque le mélange est comprimé, il est allumé à l'aide de bougies d'allumage ou d'un système d'injection de carburant, provoquant ainsi une combustion rapide et contrôlée du mélange. Cette combustion libère de l'énergie sous forme de chaleur, qui pousse les pistons vers le bas, générant ainsi un mouvement linéaire. Ce mouvement est ensuite converti en mouvement rotatif par le vilebrequin du moteur, fournissant ainsi une puissance mécanique qui peut être utilisée pour entraîner les roues d'un véhicule ou alimenter d'autres équipements mécaniques.

Un avantage majeur des moteurs à hydrogène est leur propreté. Contrairement aux moteurs à combustion interne traditionnels, les moteurs à hydrogène ne produisent que de l'eau comme sous-produit lors de la combustion, ce qui en fait une option attractive pour réduire les émissions de gaz à effet de serre et la pollution de l'air. De plus, l'hydrogène peut être produit à partir de sources d'énergie renouvelables, ce qui en fait une solution encore plus écologique pour propulser les véhicules et les équipements.

Un moteur à hydrogène fonctionne en brûlant du gaz d'hydrogène avec de l'oxygène pour produire de l'énergie mécanique. Ce processus de combustion contrôlée se déroule à l'intérieur des chambres de combustion du moteur et est similaire à celui des moteurs à essence ou diesel, mais avec pour principale différence l'utilisation d'hydrogène comme carburant propre et respectueux de l'environnement.

49 - Utilisations dans l'industrie agro-alimentaire

L'utilisation de l'hydrogène dans l'industrie agroalimentaire présente de nombreux avantages potentiels, allant de la production à la distribution des aliments. L'hydrogène peut être utilisé de diverses manières, notamment comme source d'énergie, comme agent de traitement et de conservation des aliments, ainsi que comme composant dans la production d'engrais.

L'une des utilisations principales de l'hydrogène dans l'industrie agroalimentaire est comme source d'énergie propre pour alimenter les équipements de production et de transformation des aliments. L'hydrogène peut être produit à partir de sources d'énergie renouvelables telles que l'énergie solaire et éolienne, offrant ainsi une option de production d'énergie durable et respectueuse de l'environnement pour les installations agroalimentaires.

L'hydrogène peut également être utilisé comme vecteur d'énergie pour le stockage et la distribution d'énergie dans les installations agroalimentaires. Il peut être stocké sous forme de gaz comprimé ou liquéfié et utilisé comme source d'énergie de secours en cas de panne électrique, ce qui garantit la continuité des opérations dans les installations de transformation des aliments.

L'hydrogène peut être utilisé comme agent de traitement des aliments pour améliorer la qualité, la sécurité et la durée de conservation des produits alimentaires. Par exemple, l'hydrogène peut être utilisé dans le processus de pasteurisation pour éliminer les bactéries pathogènes et prolonger la durée de conservation des produits laitiers et des jus de fruits. De plus, l'hydrogène peut être utilisé dans le processus de stérilisation des emballages alimentaires pour éliminer les contaminants microbiens et assurer la sécurité des aliments.

L'hydrogène est un élément clé dans la production d'engrais azotés tels que l'ammoniac, qui est largement utilisé dans l'industrie agroalimentaire comme source d'azote pour les cultures. L'ammoniac est produit en combinant de l'hydrogène avec de l'azote atmosphérique dans un processus appelé synthèse de l'ammoniac, qui est ensuite transformé en divers types d'engrais azotés pour nourrir les cultures et améliorer leur rendement.

L'utilisation de l'hydrogène dans l'industrie agroalimentaire peut également contribuer à réduire les émissions de gaz à effet de serre et à atténuer le changement climatique. En remplaçant les combustibles fossiles par de l'hydrogène comme source d'énergie, les installations agroalimentaires peuvent réduire leur empreinte carbone et contribuer à la transition vers une économie bas carbone.

L'utilisation de l'hydrogène dans l'industrie agroalimentaire offre de nombreuses possibilités pour améliorer l'efficacité, la durabilité et la sécurité des opérations alimentaires. En tant que source d'énergie propre, agent de traitement des aliments, composant d'engrais et moyen de réduction des émissions de gaz à effet de serre, l'hydrogène peut jouer un rôle crucial dans la transformation de l'industrie agroalimentaire vers un modèle plus durable et respectueux de l'environnement. Avec des investissements continus dans la recherche, le développement et le déploiement de technologies basées sur l'hydrogène, il est possible de réaliser le plein potentiel de cette ressource pour répondre aux défis alimentaires et environnementaux de notre époque.

50 - Production d'hydrogène alimentaire

La production d'hydrogène alimentaire, également connue sous le nom d'hydrogénation alimentaire, est un processus utilisé dans l'industrie alimentaire pour améliorer la texture, la durée de conservation et la qualité des aliments. Ce processus implique l'ajout d'hydrogène à des aliments spécifiques pour modifier leurs propriétés physiques et chimiques, ce qui peut avoir un impact sur leur saveur, leur aspect et leur texture.

L'hydrogénation alimentaire implique l'ajout d'hydrogène à des aliments spécifiques à l'aide de réactions chimiques contrôlées. Le processus peut être réalisé de différentes manières, notamment par hydrogénation catalytique, hydrogénation enzymatique ou hydrogénation chimique. Dans le cas de l'hydrogénation catalytique, un catalyseur métallique tel que le nickel est souvent utilisé pour favoriser la réaction entre l'hydrogène et les acides gras présents dans les huiles végétales, transformant ainsi les huiles liquides en graisses solides.

L'hydrogénation alimentaire est largement utilisée dans l'industrie alimentaire pour diverses applications. L'une des utilisations les plus courantes est la production de margarine et de graisses végétales solides à partir d'huiles végétales liquides telles que l'huile de soja, l'huile de palme et l'huile de colza. L'hydrogénation permet de stabiliser les huiles végétales et de leur donner une consistance plus solide, ce qui les rend idéales pour une utilisation dans la fabrication de produits alimentaires tels que la margarine, les pâtes à tartiner et les produits de boulangerie.

L'hydrogénation alimentaire offre plusieurs avantages en termes de texture, de durée de conservation et de stabilité des aliments. En transformant les huiles végétales liquides en graisses solides, l'hydrogénation permet de produire des produits alimentaires avec une texture crémeuse et une consistance uniforme. De plus, les graisses hydrogénées ont une durée de conservation plus longue que les huiles végétales liquides, ce qui contribue à prolonger la durée de vie des produits alimentaires et à réduire le gaspillage alimentaire.

Bien que l'hydrogénation alimentaire offre de nombreux avantages, elle peut également présenter des inconvénients potentiels en termes de santé. Lorsque les huiles végétales sont hydrogénées, des acides gras trans peuvent se former en petites quantités, ce qui a été associé à un risque accru de maladies cardiovasculaires. Pour cette raison, de nombreuses autorités sanitaires recommandent de limiter la consommation d'aliments contenant des graisses hydrogénées et des acides gras trans.

À mesure que la sensibilisation aux questions de santé et de durabilité augmente, de nouvelles tendances émergent dans l'hydrogénation alimentaire. De nombreuses entreprises cherchent des alternatives plus saines aux graisses hydrogénées en développant des méthodes d'hydrogénation alternatives utilisant des catalyseurs enzymatiques ou des technologies de traitement à basse température. De plus, certaines entreprises explorent des options pour réduire ou éliminer complètement l'utilisation d'huiles hydrogénées dans leurs produits alimentaires en utilisant des alternatives telles que les huiles non hydrogénées, les graisses végétales naturelles et les huiles riches en acides gras monoinsaturés ou polyinsaturés.

L'hydrogénation alimentaire est un processus largement utilisé dans l'industrie alimentaire pour améliorer la texture, la durée de conservation et la stabilité des aliments. Bien qu'elle offre de nombreux avantages, elle présente également des considérations en matière de santé et de durabilité qui nécessitent une attention particulière. En développant des méthodes d'hydrogénation alternatives et en explorant des options pour réduire l'utilisation d'huiles hydrogénées, l'industrie alimentaire peut continuer à répondre aux besoins des consommateurs tout en tenant compte des préoccupations croissantes en matière de santé et d'environnement.

51 - Aspects de sécurité de l'hydrogène alimentaire

Les aspects de sécurité de l'hydrogène alimentaire sont d'une importance capitale dans l'industrie agroalimentaire, car la manipulation, le stockage et l'utilisation de ce produit peuvent présenter des risques pour la santé des consommateurs. L'hydrogénation alimentaire, qui consiste à transformer les huiles végétales liquides en graisses solides, peut générer des acides gras trans et d'autres composés potentiellement nocifs.

L'hydrogénation alimentaire peut entraîner la formation d'acides gras trans, des acides gras insaturés transformés en acides gras trans lorsqu'ils sont soumis à des températures élevées et à des pressions élevées pendant le processus d'hydrogénation. Les acides gras trans ont été associés à un risque accru de maladies cardiovasculaires, de diabète et d'autres problèmes de santé. Par conséquent, il est essentiel de contrôler et de minimiser la formation d'acides gras trans dans les produits alimentaires hydrogénés pour garantir leur innocuité.

La consommation régulière d'aliments contenant des acides gras trans peut avoir des effets néfastes sur la santé, notamment en augmentant le taux de cholestérol LDL (mauvais cholestérol) et en réduisant le taux de cholestérol HDL (bon cholestérol), ce qui accroît le risque de maladies cardiovasculaires. De plus, les acides gras trans peuvent provoquer une inflammation, des troubles métaboliques et d'autres problèmes de santé, ce qui souligne l'importance de limiter leur présence dans les aliments.

Pour garantir la sécurité des consommateurs, de nombreuses juridictions réglementent l'utilisation des graisses hydrogénées et des acides gras trans dans les aliments. De nombreuses autorités sanitaires exigent que les fabricants d'aliments indiquent la teneur en acides gras trans sur l'étiquetage des produits alimentaires, ce qui permet aux consommateurs de faire des choix éclairés en matière de santé. De plus, certains pays ont interdit l'utilisation d'acides gras trans dans les aliments ou ont imposé des limites strictes à leur contenu dans les produits alimentaires.

Face aux préoccupations croissantes en matière de santé, de nombreuses entreprises cherchent des alternatives plus saines aux graisses hydrogénées. Les huiles végétales non hydrogénées, les graisses naturelles telles que le beurre et la graisse de coco, ainsi que les huiles riches en acides gras monoinsaturés ou polyinsaturés, sont toutes des options potentielles pour remplacer les graisses hydrogénées dans les produits alimentaires. Ces alternatives offrent des profils lipidiques plus sains et peuvent contribuer à réduire le risque de maladies cardiovasculaires et d'autres problèmes de santé associés à la consommation d'acides gras trans.

Enfin, il est important de sensibiliser et d'éduquer les consommateurs sur les risques pour la santé associés à la consommation d'aliments contenant des acides gras trans. Les campagnes de sensibilisation du public, les programmes éducatifs et les informations sur l'étiquetage des produits alimentaires peuvent aider les consommateurs à prendre des décisions éclairées en matière de santé et à choisir des aliments plus sains pour leur alimentation quotidienne.

Les aspects de sécurité de l'hydrogène alimentaire sont d'une importance cruciale pour protéger la santé des consommateurs. En contrôlant la formation d'acides gras trans, en réglementant leur utilisation et en promouvant des alternatives plus saines, il est possible de minimiser les risques pour la santé associés à la consommation d'aliments hydrogénés. En outre, la sensibilisation et l'éducation des consommateurs sont essentielles pour les aider à prendre des décisions éclairées en matière de santé et à choisir des aliments plus sains pour leur alimentation quotidienne.

52 - Les bus à hydrogène, une solution de transport propre

Les bus à hydrogène représentent une solution de transport propre prometteuse pour réduire les émissions de gaz à effet de serre et améliorer la qualité de l'air dans les zones urbaines. Ces véhicules utilisent des piles à combustible à hydrogène pour produire de l'électricité, ce qui alimente un moteur électrique et propulse le bus.

Les bus à hydrogène offrent plusieurs avantages par rapport aux bus conventionnels alimentés par des moteurs diesel ou à essence. Tout d'abord, ils ne produisent aucune émission de gaz à effet de serre ou de polluants atmosphériques lorsqu'ils fonctionnent, car l'hydrogène utilisé comme carburant ne produit que de l'eau comme sous-produit. Cela contribue à améliorer la qualité de l'air dans les zones urbaines et à réduire les impacts environnementaux néfastes associés aux transports urbains.

De plus, les bus à hydrogène sont plus silencieux que les bus diesel ou à essence, ce qui réduit les nuisances sonores et améliore le confort des passagers et des résidents des zones desservies par ces bus. En outre, les piles à combustible à hydrogène offrent une efficacité énergétique supérieure à celle des moteurs à combustion interne, ce qui se traduit par une consommation de carburant plus faible et une plus grande autonomie des bus à hydrogène par rapport aux bus conventionnels.

Enfin, les bus à hydrogène contribuent à diversifier le mix énergétique des transports en commun et à réduire la dépendance aux combustibles fossiles, ce qui renforce la résilience énergétique des systèmes de transport urbain et favorise la transition vers une économie bas carbone.

Les bus à hydrogène fonctionnent en utilisant des piles à combustible à hydrogène pour produire de l'électricité à bord du véhicule. Ces piles à combustible utilisent de l'hydrogène comme combustible et de l'oxygène de l'air comme comburant pour générer de l'électricité par réaction électrochimique. L'électricité ainsi produite est utilisée pour alimenter un ou plusieurs moteurs électriques qui entraînent les roues du bus, lui permettant ainsi de se déplacer.

L'hydrogène est stocké à bord du bus dans des réservoirs sous haute pression et est acheminé vers les piles à combustible lorsque nécessaire. À l'intérieur des piles à combustible, l'hydrogène est séparé en protons et en électrons, qui réagissent avec l'oxygène de l'air pour former de l'eau et libérer de l'électricité. Cette électricité alimente ensuite le moteur électrique du bus, qui le propulse en silence et sans émission de gaz polluants.

Les bus à hydrogène sont principalement utilisés dans les zones urbaines densément peuplées, où la pollution de l'air et les émissions de gaz à effet de serre sont des préoccupations majeures. Ils sont souvent déployés sur des lignes de bus à forte fréquentation ou dans des quartiers où la qualité de l'air est particulièrement mauvaise, offrant ainsi une alternative propre et respectueuse de l'environnement aux bus diesel ou à essence.

De nombreuses villes du monde entier ont déjà commencé à intégrer des bus à hydrogène dans leurs flottes de transports en commun, et des initiatives visant à étendre leur utilisation sont en cours dans de nombreuses régions. Par exemple, plusieurs villes européennes telles que Londres, Paris et Amsterdam ont déjà déployé des bus à hydrogène dans leurs réseaux de transports en commun, et d'autres villes suivent leur exemple en investissant dans cette technologie prometteuse.

Malgré leurs nombreux avantages, les bus à hydrogène font face à plusieurs défis qui entravent leur adoption à grande échelle. Tout d'abord, les coûts initiaux d'acquisition et d'exploitation des bus à hydrogène sont encore relativement élevés par rapport aux bus conventionnels, bien que ces coûts tendent à diminuer à mesure que la technologie se développe et que la demande augmente.

De plus, la disponibilité limitée de stations de ravitaillement en hydrogène constitue un obstacle majeur au déploiement généralisé des bus à hydrogène. Les infrastructures de ravitaillement en hydrogène sont coûteuses à construire et nécessitent des investissements importants de la part des autorités publiques et des entreprises privées pour se développer.

Enfin, la production d'hydrogène propre et renouvelable reste un défi à relever, car la plupart de l'hydrogène actuellement produit est dérivé de sources d'énergie fossile telles que le gaz naturel. Pour maximiser les avantages environnementaux des bus à hydrogène, il est essentiel de développer des méthodes de production d'hydrogène à faible émission de carbone, telles que l'électrolyse de l'eau à l'aide d'énergies renouvelables.

Les bus à hydrogène représentent une solution de transport propre prometteuse pour réduire les émissions de gaz à effet de serre et améliorer la qualité de l'air dans les zones urbaines. Grâce à leur fonctionnement silencieux, à leur absence d'émissions polluantes et à leur efficacité énergétique, ils offrent une alternative attrayante aux bus conventionnels alimentés par des moteurs diesel ou à essence. Cependant, pour maximiser leur potentiel et surmonter les défis qui entravent leur adoption à grande échelle, il est nécessaire de poursuivre les investissements dans la recherche, le développement de l'infrastructure et la promotion de politiques favorables à la transition vers une mobilité propre et durable.

53 - Taxis à hydrogène, une réalité croissante

L'essor des taxis à hydrogène est étroitement lié à une série d'investissements tant publics que privés visant à promouvoir la mobilité durable et à réduire les émissions de gaz à effet de serre dans les zones urbaines. Ces investissements sont essentiels pour surmonter les obstacles financiers et logistiques associés à l'adoption à grande échelle de cette technologie émergente.

Dans de nombreuses régions du monde, les gouvernements locaux et nationaux ont lancé des initiatives visant à soutenir le déploiement de flottes de taxis à hydrogène. Ces initiatives comprennent des subventions à l'achat de véhicules propres, des avantages fiscaux pour les opérateurs de flottes de taxis à hydrogène et des investissements dans le développement de l'infrastructure de ravitaillement en hydrogène.

Les entreprises privées, notamment les fabricants de véhicules, les sociétés de transport et les exploitants de flottes de taxis, investissent également dans la technologie des taxis à hydrogène. Ces entreprises reconnaissent le potentiel commercial et les avantages concurrentiels des taxis à hydrogène, notamment la possibilité de répondre à la demande croissante de mobilité durable et de réduire leur empreinte carbone.

En outre, de nombreux partenariats public-privé ont été formés pour accélérer le déploiement des taxis à hydrogène et stimuler l'innovation dans ce domaine. Ces partenariats permettent de combiner les ressources et l'expertise des gouvernements, des entreprises et des institutions de recherche pour surmonter les obstacles technologiques, réglementaires et financiers qui entravent l'adoption des taxis à hydrogène.

Les investissements dans l'infrastructure de ravitaillement en hydrogène jouent un rôle crucial dans le déploiement des taxis à hydrogène. Les stations de ravitaillement en hydrogène sont essentielles pour assurer un approvisionnement continu en carburant propre et permettre aux chauffeurs de taxis à hydrogène de fournir des services de transport sans émissions dans les zones urbaines. Les gouvernements et les entreprises investissent dans la construction de nouvelles stations de ravitaillement en hydrogène et la modernisation des infrastructures existantes pour soutenir la croissance du marché des taxis à hydrogène.

Enfin, les initiatives de sensibilisation du public jouent également un rôle important dans la promotion des taxis à hydrogène. Les campagnes de sensibilisation visent à informer le grand public sur les avantages environnementaux et économiques des taxis à hydrogène, ainsi que sur les progrès réalisés dans le développement de cette technologie. En éduquant les consommateurs et les parties prenantes sur les avantages des taxis à hydrogène, ces initiatives contribuent à stimuler la demande et à accélérer l'adoption de cette technologie innovante.

Les investissements tant publics que privés jouent un rôle crucial dans la promotion et l'adoption des taxis à hydrogène. Ces investissements sont essentiels pour surmonter les obstacles financiers, technologiques et réglementaires associés à cette technologie émergente et pour soutenir la transition vers une mobilité urbaine plus propre et plus durable. En collaborant étroitement, les gouvernements, les entreprises et les institutions de recherche peuvent accélérer le déploiement des taxis à hydrogène et contribuer à réduire les émissions de gaz à effet de serre dans les zones urbaines.

54 - La course mondiale à l'hydrogène

La course mondiale à l'hydrogène est une manifestation de l'engagement mondial en faveur de l'innovation technologique, de la réduction des émissions de gaz à effet de serre et de la transition vers une économie bas carbone. Cette course met en lumière la compétition féroce entre les pays, les entreprises et les industries pour devenir des leaders dans le développement et l'utilisation de l'hydrogène comme source d'énergie propre et polyvalente.

La course mondiale à l'hydrogène est motivée par plusieurs facteurs clés. Tout d'abord, la prise de conscience croissante des défis environnementaux tels que le changement climatique et la pollution atmosphérique a conduit de nombreux pays et entreprises à chercher des solutions alternatives pour réduire les émissions de gaz à effet de serre et promouvoir la durabilité environnementale. L'hydrogène est perçu comme une source d'énergie propre et polyvalente qui peut contribuer à atténuer ces problèmes tout en favorisant la croissance économique et la création d'emplois.

De plus, la diversification du mix énergétique et la réduction de la dépendance aux combustibles fossiles sont des priorités pour de nombreux pays et régions du monde. L'hydrogène offre une alternative prometteuse aux combustibles fossiles dans plusieurs secteurs, notamment les transports, l'industrie et la production d'électricité, ce qui en fait un pilier important des stratégies de transition énergétique à l'échelle mondiale.

Enfin, la course mondiale à l'hydrogène est également motivée par les opportunités économiques et industrielles qu'elle offre. Les pays et les entreprises qui deviennent des leaders dans le développement et l'utilisation de l'hydrogène pourraient bénéficier d'avantages concurrentiels, de nouveaux marchés et de possibilités d'exportation, ce qui stimulerait la croissance économique et renforcerait leur position sur la scène mondiale.

La course mondiale à l'hydrogène se caractérise par plusieurs tendances clés. Tout d'abord, de nombreux pays ont annoncé des plans ambitieux pour accélérer le développement de l'hydrogène et en faire une composante essentielle de leur transition énergétique. Ces plans comprennent des investissements massifs dans la recherche et le développement, la construction d'infrastructures de ravitaillement en hydrogène, et des incitations financières pour encourager l'adoption de l'hydrogène dans différents secteurs.

De plus, les partenariats public-privé sont devenus de plus en plus importants dans la course à l'hydrogène, avec des collaborations entre les gouvernements, les entreprises et les institutions de recherche pour accélérer l'innovation et le déploiement de cette technologie émergente. Ces partenariats permettent de combiner les ressources, l'expertise et les capacités de chacun pour surmonter les obstacles technologiques, réglementaires et financiers associés à l'hydrogène.

Enfin, la course mondiale à l'hydrogène est également marquée par une compétition accrue entre les différents pays et régions du monde pour devenir des leaders dans ce domaine. Les pays qui investissent massivement dans la recherche et le développement de l'hydrogène, qui construisent des infrastructures de ravitaillement en hydrogène et qui adoptent des politiques favorables à son utilisation sont susceptibles de bénéficier d'avantages concurrentiels dans l'économie mondiale de demain.

Malgré les opportunités qu'elle offre, la course mondiale à l'hydrogène est confrontée à plusieurs enjeux et défis. Tout d'abord, le coût élevé de la production, du stockage et de la distribution de l'hydrogène reste un obstacle majeur à son adoption à grande échelle. Bien que les coûts diminuent à mesure que la technologie se développe et que la demande augmente, ils restent encore prohibitifs pour de nombreux pays et industries.

De plus, la disponibilité limitée des sources d'hydrogène propre et renouvelable constitue un défi important à relever. La plupart de l'hydrogène produit actuellement est dérivé de sources d'énergie fossile, ce qui limite ses avantages environnementaux. Pour maximiser les avantages de l'hydrogène en tant que source d'énergie propre, il est essentiel de développer des méthodes de production d'hydrogène à faible émission de carbone, telles que l'électrolyse de l'eau à l'aide d'énergies renouvelables.

Enfin, la création d'une infrastructure de ravitaillement en hydrogène étendue et interconnectée reste un défi logistique majeur. La construction de stations de ravitaillement en hydrogène nécessite des investissements importants et une coordination étroite entre les gouvernements, les entreprises et les parties prenantes, ce qui peut prendre du temps et retarder le déploiement généralisé de l'hydrogène comme source d'énergie.

Malgré ces défis, la course mondiale à l'hydrogène offre des perspectives prometteuses pour l'avenir de l'énergie propre et durable. En investissant dans la recherche, le développement et l'adoption de l'hydrogène, les pays et les entreprises peuvent contribuer à réduire les émissions de gaz à effet de serre, à promouvoir l'innovation technologique et à stimuler la croissance économique.

De plus, l'hydrogène offre une solution polyvalente et adaptable pour plusieurs secteurs, y compris les transports, l'industrie, la production d'électricité et le stockage d'énergie, ce qui en fait un pilier central des stratégies de transition énergétique à l'échelle mondiale.

Enfin, en collaborant étroitement et en partageant les meilleures pratiques, les pays et les industries peuvent surmonter les obstacles et maximiser les avantages de l'hydrogène en tant que source d'énergie propre et durable pour les générations futures. En poursuivant la course mondiale à l'hydrogène de manière coopérative et inclusive, nous pouvons créer un avenir plus durable pour la planète et ses habitants.

55 - Les enjeux stratégiques de la production d'hydrogène

La production d'hydrogène est devenue un enjeu stratégique majeur dans le contexte mondial de transition énergétique vers des sources plus propres et renouvelables. Cette transition est motivée par la nécessité de réduire les émissions de gaz à effet de serre, de diversifier les sources d'énergie et de renforcer la sécurité énergétique.

La production d'hydrogène présente des implications économiques significatives. Tout d'abord, elle offre des opportunités de croissance économique et de création d'emplois dans les secteurs de l'énergie, de l'industrie et de la technologie. En investissant dans la production d'hydrogène propre et renouvelable, les pays peuvent stimuler l'innovation, renforcer leur compétitivité économique et créer de nouvelles industries et filières d'approvisionnement.

De plus, la production d'hydrogène peut contribuer à la diversification des économies nationales en réduisant la dépendance aux combustibles fossiles et en favorisant le développement de sources d'énergie locales et durables. Cela peut renforcer la résilience économique des pays et atténuer les risques liés à la volatilité des prix des énergies fossiles sur les marchés mondiaux.

Sur le plan environnemental, la production d'hydrogène présente des avantages potentiels en termes de réduction des émissions de gaz à effet de serre et de pollution atmosphérique. L'hydrogène propre et renouvelable, produit à partir de sources d'énergie telles que l'énergie solaire, éolienne et hydroélectrique, ne génère aucune émission de CO_2 lorsqu'il est utilisé comme carburant.

Cependant, il est important de noter que la production d'hydrogène n'est pas nécessairement exempte d'impacts environnementaux. Certaines méthodes de production d'hydrogène, telles que le reformage du méthane, peuvent entraîner des émissions de CO_2 si le dioxyde de carbone est capturé et stocké. Par conséquent, il est essentiel de développer des méthodes de production d'hydrogène à faible émission de carbone pour maximiser les avantages environnementaux de cette technologie.

La production d'hydrogène peut également avoir des implications géopolitiques importantes, notamment en ce qui concerne la sécurité énergétique et la compétition pour les ressources et les marchés mondiaux. Les pays riches en ressources renouvelables, tels que le soleil, le vent et l'eau, peuvent avoir un avantage stratégique dans la production d'hydrogène propre et renouvelable.

Cela pourrait conduire à une redistribution du pouvoir et de l'influence sur la scène mondiale, avec de nouveaux acteurs émergents dans le domaine de l'énergie propre et des technologies de l'hydrogène. De plus, la compétition pour les ressources nécessaires à la production d'hydrogène, telles que l'eau et les métaux rares utilisés dans les technologies de production d'hydrogène, pourrait intensifier les tensions géopolitiques dans certaines régions du monde.

La production d'hydrogène nécessite le développement et le déploiement de technologies avancées dans plusieurs domaines, y compris la production, le stockage, le transport et l'utilisation de l'hydrogène. Des progrès sont nécessaires dans ces domaines pour réduire les coûts, améliorer l'efficacité et garantir la sécurité et la fiabilité de l'approvisionnement en hydrogène.

En outre, la production d'hydrogène peut stimuler l'innovation technologique dans d'autres secteurs, tels que les énergies renouvelables, les piles à combustible, les véhicules à hydrogène et les applications industrielles de l'hydrogène. Cela pourrait favoriser l'émergence de nouvelles industries et de nouvelles filières technologiques, renforçant ainsi la compétitivité et la durabilité des économies nationales.

La production d'hydrogène représente un enjeu stratégique majeur avec des implications économiques, environnementales, géopolitiques et technologiques importantes. Pour maximiser les avantages de cette technologie émergente, il est essentiel de poursuivre les investissements dans la recherche, le développement et le déploiement de l'hydrogène propre et renouvelable, tout en tenant compte des défis et des opportunités associés à cette transition énergétique essentielle.

56 - L'hydrogène comme facteur de puissance nationale

L'hydrogène émerge comme un facteur de puissance nationale, offrant des avantages stratégiques significatifs aux pays qui investissent dans sa production, sa technologie et son utilisation. Cette ressource peut non seulement renforcer la sécurité énergétique, mais aussi stimuler l'innovation, la croissance économique et l'influence géopolitique.

La production d'hydrogène peut aider à renforcer la sécurité énergétique des pays en diversifiant leurs sources d'énergie et en réduisant leur dépendance aux combustibles fossiles importés. Les pays qui investissent dans la production d'hydrogène domestique peuvent réduire leur vulnérabilité aux fluctuations des prix du pétrole et du gaz naturel sur les marchés mondiaux, tout en assurant un approvisionnement énergétique fiable et durable à long terme.

De plus, la production d'hydrogène à partir de sources d'énergie renouvelable telles que l'énergie solaire et éolienne peut rendre les pays moins tributaires des importations de combustibles fossiles et des infrastructures énergétiques fragiles. Cela renforce leur résilience aux chocs énergétiques externes et aux perturbations géopolitiques, renforçant ainsi leur position sur la scène internationale.

L'hydrogène offre des opportunités d'innovation et de croissance économique dans de nombreux secteurs, notamment l'énergie, l'industrie, les transports et les technologies de l'information. Les pays qui investissent dans la recherche, le développement et le déploiement de l'hydrogène peuvent stimuler l'innovation technologique, créer de nouveaux marchés et industries, et favoriser la création d'emplois dans des domaines tels que la production d'énergie propre, les piles à combustible et les véhicules à hydrogène.

De plus, l'hydrogène peut servir de catalyseur pour la transition vers une économie bas carbone, en favorisant l'intégration des énergies renouvelables intermittentes dans les réseaux électriques, en facilitant le stockage d'énergie à grande échelle et en soutenant le développement de technologies de captage et de stockage du carbone.

L'hydrogène est devenu un enjeu géopolitique majeur, avec les pays et les régions qui cherchent à devenir des leaders dans ce domaine afin de renforcer leur influence et leur compétitivité sur la scène internationale. Les pays riches en ressources renouvelables, tels que le soleil, le vent et l'eau, peuvent avoir un avantage stratégique dans la production d'hydrogène propre et renouvelable, ce qui peut modifier l'équilibre géopolitique des pouvoirs.

De plus, les pays qui investissent massivement dans la production d'hydrogène et les technologies associées peuvent renforcer leurs alliances et partenariats internationaux, en établissant des relations économiques et politiques avec d'autres pays et en influençant les normes et les réglementations mondiales dans le domaine de l'énergie et de l'environnement.

L'hydrogène a le potentiel de façonner l'avenir de l'énergie en fournissant une source d'énergie propre, polyvalente et durable pour les générations futures. Les pays qui investissent dans l'hydrogène peuvent jouer un rôle de premier plan dans la transition mondiale vers une économie bas carbone, en réduisant les émissions de gaz à effet de serre, en atténuant les impacts du changement climatique et en assurant un approvisionnement énergétique sûr et fiable pour les générations à venir.

L'hydrogène est devenu un facteur de puissance nationale avec des implications significatives pour la sécurité énergétique, l'innovation économique, l'influence géopolitique et l'avenir de l'énergie. Les pays qui saisissent les opportunités offertes par l'hydrogène peuvent renforcer leur position sur la scène internationale, favoriser la croissance économique et façonner un avenir énergétique plus propre et plus durable pour la planète.

57 - Comment enseigner la chimie de l'hydrogène

Enseigner la chimie de l'hydrogène requiert une approche pédagogique rigoureuse afin de fournir aux étudiants une compréhension approfondie de cet élément fondamental et de ses implications dans divers domaines scientifiques et industriels.

Il est essentiel de contextualiser l'enseignement de la chimie de l'hydrogène en mettant en évidence ses applications dans la vie quotidienne, l'industrie, l'énergie et l'environnement. En illustrant, par exemple, son utilisation dans les piles à combustible, les véhicules à hydrogène, la production d'ammoniac ou encore dans la chimie organique.

Les démonstrations et expériences pratiques sont des outils puissants pour illustrer les principes chimiques de l'hydrogène. Par exemple, la décomposition de l'eau par électrolyse pour produire de l'hydrogène et de l'oxygène, ou encore la réaction de l'hydrogène avec le dioxygène pour former de l'eau avec dégagement de chaleur.

Permettre aux étudiants d'explorer et de mener leurs propres recherches sur la chimie de l'hydrogène peut renforcer leur compréhension et leur engagement. Des projets de recherche, des présentations, des débats ou des discussions en classe sur des sujets liés à l'hydrogène peuvent être encouragés.

L'utilisation d'une variété de ressources pédagogiques telles que des vidéos, des simulations informatiques, des documents écrits, des infographies et des sites web peut aider à illustrer visuellement et de manière interactive les concepts clés de la chimie de l'hydrogène.

La chimie de l'hydrogène est étroitement liée à d'autres domaines de la chimie tels que la chimie des éléments, la chimie organique, la chimie des matériaux et la chimie industrielle. Établir des liens entre ces domaines peut aider les étudiants à comprendre l'importance de l'hydrogène dans le contexte plus large de la chimie.

Encourager les activités pratiques en classe, les discussions de groupe, les projets collaboratifs et les expériences de laboratoire peut aider les étudiants à développer leurs compétences en résolution de problèmes, en communication et en travail d'équipe tout en approfondissant leur compréhension de la chimie de l'hydrogène.

Expliquer les défis et les enjeux contemporains liés à l'hydrogène, tels que la production durable, le stockage, le transport, l'efficacité énergétique et l'impact environnemental, peut aider les étudiants à comprendre l'importance et la pertinence de la chimie de l'hydrogène dans le monde moderne.

En adoptant une approche pédagogique structurée et diversifiée, les enseignants peuvent aider les étudiants à acquérir une compréhension approfondie de la chimie de l'hydrogène et de son rôle central dans les sciences et l'industrie.

58 - Les expériences pédagogiques sur l'hydrogène

Les expériences pédagogiques sur l'hydrogène offrent aux étudiants une occasion précieuse d'explorer les principes fondamentaux de la chimie, de la physique et de l'ingénierie tout en développant leur compréhension pratique de ce gaz versatile. Ces expériences permettent aux élèves de découvrir les propriétés uniques de l'hydrogène, ses réactions chimiques, ses applications industrielles et son rôle dans la transition énergétique.

L'électrolyse de l'eau est une expérience classique qui décompose l'eau en ses composants fondamentaux, l'hydrogène et l'oxygène, à l'aide d'un courant électrique. Cette expérience permet aux étudiants de comprendre le processus de séparation des molécules d'eau en gaz d'hydrogène et d'oxygène, ainsi que les principes de base de l'électrochimie. Les étudiants peuvent observer la formation de bulles de gaz aux électrodes et collecter les gaz produits pour des expériences ultérieures.

L'expérience de la réaction de l'hydrogène avec le dioxygène est une démonstration impressionnante des propriétés inflammables de l'hydrogène. En combinant de l'hydrogène et du dioxygène dans un ballon ou un récipient fermé, les étudiants peuvent observer une réaction exothermique spectaculaire qui produit de l'eau et de la chaleur. Cette expérience met en évidence la réactivité de l'hydrogène et sa capacité à réagir avec d'autres substances pour former des produits nouveaux.

Les piles à combustible sont des dispositifs électrochimiques qui convertissent l'hydrogène et l'oxygène en électricité et en eau, avec comme seul sous-produit de la chaleur. Les expériences sur les piles à combustible permettent aux étudiants de comprendre le fonctionnement de ces dispositifs et d'explorer les applications potentielles de l'hydrogène comme source d'énergie propre et renouvelable. Les étudiants peuvent assembler des piles à combustible simples à l'aide de matériaux bon marché et observer comment elles génèrent de l'électricité à partir de l'hydrogène.

Les expériences sur le stockage et le transport de l'hydrogène permettent aux étudiants d'explorer les défis et les solutions associés à l'utilisation de l'hydrogène comme vecteur énergétique. Les étudiants peuvent concevoir et tester différents systèmes de stockage d'hydrogène, tels que des réservoirs haute pression, des matériaux d'absorption et des vecteurs chimiques, pour évaluer leur efficacité et leur sécurité. Ils peuvent également simuler le transport de l'hydrogène à travers des pipelines, des camions-citernes et d'autres moyens de transport pour comprendre les considérations logistiques et économiques liées à la distribution de ce gaz.

Les expériences sur les applications industrielles de l'hydrogène permettent aux étudiants d'explorer les utilisations pratiques de ce gaz dans divers secteurs, tels que l'industrie chimique, l'automobile, l'aérospatiale et l'énergie. Les étudiants peuvent étudier les processus de production d'hydrogène à grande échelle, tels que le reformage du méthane et l'électrolyse de l'eau, ainsi que les technologies émergentes telles que la production d'hydrogène vert à partir d'énergies renouvelables. Ils peuvent également explorer les défis et les opportunités associés à l'utilisation de l'hydrogène comme source d'énergie propre et renouvelable dans le cadre de la transition énergétique mondiale.

Les expériences pédagogiques sur l'hydrogène offrent aux étudiants une occasion précieuse d'explorer les principes fondamentaux de la chimie, de la physique et de l'ingénierie, ainsi que les applications pratiques de ce gaz versatile. Ces expériences favorisent l'apprentissage actif, la découverte et la collaboration, tout en développant les compétences pratiques et les connaissances nécessaires pour relever les défis scientifiques et technologiques de demain.

59 - Les défis de la production à grande échelle

La production d'hydrogène à grande échelle est essentielle pour répondre à la demande croissante en énergie propre et pour soutenir la transition vers une économie bas carbone. Cependant, cette entreprise est confrontée à divers défis techniques, économiques et environnementaux qui doivent être surmontés pour garantir une production d'hydrogène durable et rentable.

L'une des principales difficultés de la production d'hydrogène à grande échelle réside dans le coût élevé des méthodes de production actuelles, telles que le reformage du méthane et l'électrolyse de l'eau. Le reformage du méthane, bien qu'efficace, génère des émissions de dioxyde de carbone (CO_2) et dépend de prix volatils des hydrocarbures fossiles. D'autre part, l'électrolyse de l'eau nécessite une quantité importante d'électricité, ce qui peut rendre cette méthode coûteuse si elle n'est pas alimentée par des sources d'énergie renouvelable abondantes et bon marché.

La production d'hydrogène à grande échelle exige une quantité considérable d'énergie, que ce soit sous forme de chaleur pour le reformage ou d'électricité pour l'électrolyse. La dépendance à l'électricité d'origine renouvelable pour l'électrolyse peut poser un défi en termes de disponibilité et de fiabilité de l'énergie, surtout si la production d'hydrogène doit être réalisée à grande échelle et de manière continue.

Le stockage et le transport de l'hydrogène à grande échelle présentent également des défis significatifs. L'hydrogène a une faible densité énergétique par unité de volume, ce qui signifie qu'il nécessite des réservoirs de stockage volumineux ou des technologies de compression avancées pour être stocké de manière efficace. De plus, son faible point d'ébullition et son caractère hautement inflammable exigent des infrastructures de transport sécurisées et spécialisées pour éviter les risques de fuite ou d'explosion.

Bien que l'hydrogène soit souvent considéré comme une source d'énergie propre, sa production peut avoir un impact environnemental significatif, en particulier si elle dépend de sources d'énergie non renouvelables ou si elle génère des émissions de CO2. Par exemple, le reformage du méthane génère des émissions de CO2, tandis que l'électrolyse de l'eau peut entraîner des impacts environnementaux liés à la production d'électricité, tels que la pollution atmosphérique et les déchets nucléaires.

La production d'hydrogène à grande échelle exige des installations et des infrastructures complexes qui doivent être conçues pour être scalables et fiables. La mise en place d'installations de production d'hydrogène de grande taille peut nécessiter des investissements initiaux considérables et des délais de construction prolongés. De plus, la fiabilité opérationnelle des installations de production doit être assurée pour garantir un approvisionnement constant en hydrogène, surtout si elle est destinée à des applications industrielles ou énergétiques critiques.

Enfin, le développement d'une économie de l'hydrogène viable à grande échelle dépend de la création de marchés pour l'hydrogène et ses dérivés. Cela nécessite des investissements dans la recherche et le développement de nouvelles technologies, ainsi que des politiques gouvernementales favorables et des incitations financières pour encourager l'adoption de l'hydrogène comme alternative énergétique. De plus, il est essentiel de développer des partenariats stratégiques entre les secteurs public et privé pour soutenir la croissance et l'innovation dans le domaine de l'hydrogène.

La production d'hydrogène à grande échelle est confrontée à des défis significatifs liés aux coûts, à l'énergie, au stockage, à l'impact environnemental, à la scalabilité, à la fiabilité et à l'économie. Cependant, avec des investissements appropriés dans la recherche, le développement technologique et l'infrastructure, ainsi qu'avec des politiques gouvernementales et des incitations financières favorables, il est possible de surmonter ces défis et de réaliser le potentiel de l'hydrogène comme source d'énergie propre et renouvelable à grande échelle.

60 - Les coûts de l'hydrogène et leur réduction

Les coûts de production de l'hydrogène ont longtemps été un défi majeur entravant son adoption à grande échelle comme source d'énergie propre et renouvelable. Cependant, avec les avancées technologiques et l'innovation dans les méthodes de production, de stockage et de distribution de l'hydrogène, ainsi que les politiques gouvernementales favorables, des progrès significatifs ont été réalisés dans la réduction des coûts.

Les méthodes traditionnelles de production d'hydrogène, telles que le reformage du méthane et l'électrolyse de l'eau, sont souvent coûteuses en raison de l'utilisation d'énergie et de matières premières. Le reformage du méthane, bien qu'efficace, génère des émissions de dioxyde de carbone (CO_2) et dépend de prix volatils des hydrocarbures fossiles. D'autre part, l'électrolyse de l'eau nécessite une quantité importante d'électricité, ce qui peut rendre cette méthode coûteuse si elle n'est pas alimentée par des sources d'énergie renouvelable abondantes et bon marché.

Le stockage et le transport de l'hydrogène représentent également une part importante des coûts totaux. L'hydrogène a une faible densité énergétique par unité de volume, ce qui signifie qu'il nécessite des réservoirs de stockage volumineux ou des technologies de compression avancées pour être stocké de manière efficace. De plus, son faible point d'ébullition et son caractère hautement inflammable exigent des infrastructures de transport sécurisées et spécialisées pour éviter les risques de fuite ou d'explosion.

Les coûts environnementaux associés à la production d'hydrogène peuvent également contribuer aux coûts totaux. Par exemple, le reformage du méthane génère des émissions de CO2, tandis que l'électrolyse de l'eau peut entraîner des impacts environnementaux liés à la production d'électricité, tels que la pollution atmosphérique et les déchets nucléaires. La prise en compte de ces coûts environnementaux dans l'évaluation globale de la production d'hydrogène est essentielle pour une analyse complète de sa viabilité économique.

Pour réduire les coûts de l'hydrogène, plusieurs stratégies peuvent être mises en œuvre :

- Développement de technologies innovantes : Investir dans la recherche et le développement de nouvelles technologies de production, telles que l'électrolyse de l'eau à haute température et la gazéification de la biomasse, peut permettre de réduire les coûts de production de l'hydrogène.

- Utilisation d'énergies renouvelables : L'utilisation d'énergies renouvelables abondantes et bon marché, telles que l'énergie solaire et éolienne, pour alimenter l'électrolyse de l'eau peut réduire considérablement les coûts de production d'hydrogène tout en réduisant les émissions de CO2.

- Amélioration de l'efficacité des processus : Optimiser les processus de production, de stockage et de transport de l'hydrogène pour améliorer leur efficacité énergétique et réduire les pertes peut contribuer à réduire les coûts globaux.

- Économies d'échelle : Augmenter la taille des installations de production d'hydrogène pour bénéficier des économies d'échelle peut également contribuer à réduire les coûts unitaires de production.

- Politiques gouvernementales et incitations financières : Les politiques gouvernementales favorables, telles que les subventions, les crédits d'impôt et les prix planchers sur le carbone, peuvent encourager les investissements dans la production d'hydrogène propre et renouvelable, contribuant ainsi à réduire les coûts à long terme.

La réduction des coûts de l'hydrogène est essentielle pour accélérer son adoption à grande échelle comme source d'énergie propre et renouvelable. En investissant dans l'innovation technologique, en favorisant l'utilisation d'énergies renouvelables, en améliorant l'efficacité des processus et en mettant en place des politiques gouvernementales favorables, il est possible de surmonter les défis actuels et de réaliser le potentiel de l'hydrogène comme composante clé de la transition énergétique mondiale.

61 - Les synergies entre l'hydrogène et l'énergie solaire

Les synergies entre l'hydrogène et l'énergie solaire représentent une voie prometteuse vers une économie énergétique plus propre et durable. En combinant la production d'hydrogène par électrolyse de l'eau avec l'utilisation de l'énergie solaire comme source d'alimentation, il est possible de créer un cycle énergétique renouvelable et décarboné.

L'électrolyse de l'eau utilisant l'énergie solaire comme source d'électricité est une méthode prometteuse pour produire de l'hydrogène propre et renouvelable. Cette approche utilise des cellules électrolytiques alimentées par des panneaux solaires photovoltaïques pour séparer l'eau en hydrogène et en oxygène. L'avantage principal de cette méthode est son caractère écoénergétique, car elle utilise une source d'énergie renouvelable abondante et gratuite pour alimenter le processus de production d'hydrogène.

L'hydrogène produit par électrolyse solaire peut être stocké et utilisé comme vecteur énergétique dans divers secteurs, tels que les transports, l'industrie et la production d'électricité. Par exemple, l'hydrogène peut être utilisé comme carburant propre dans les piles à combustible pour alimenter des véhicules à hydrogène, offrant ainsi une alternative zéro émission aux combustibles fossiles. De plus, l'hydrogène peut être utilisé dans des applications industrielles pour remplacer les combustibles fossiles dans les processus de production, contribuant ainsi à réduire les émissions de CO_2.

L'hydrogène peut également être utilisé comme moyen de stockage de l'énergie solaire excédentaire. En convertissant l'énergie solaire en hydrogène par électrolyse pendant les périodes de forte production solaire, l'hydrogène peut être stocké sous forme gazeuse ou liquide pour une utilisation ultérieure lorsque l'énergie solaire n'est pas disponible, comme la nuit ou par temps nuageux. Cette capacité de stockage à grande échelle permet de pallier l'intermittence de l'énergie solaire et de garantir un approvisionnement continu en énergie propre et renouvelable.

En combinant l'hydrogène produit par électrolyse solaire avec des technologies de stockage et de conversion efficaces, il est possible de réduire considérablement les émissions de carbone associées à la production et à l'utilisation d'énergie. En remplaçant les combustibles fossiles par de l'hydrogène propre et renouvelable, il est possible de réduire les émissions de gaz à effet de serre et de contribuer à atténuer le changement climatique.

Malgré ses avantages, l'intégration de l'hydrogène et de l'énergie solaire présente certains défis à relever. Parmi ces défis, on peut citer l'efficacité énergétique limitée de l'électrolyse de l'eau, les coûts élevés des technologies de production d'hydrogène et de stockage, ainsi que les obstacles liés à l'infrastructure et à la distribution de l'hydrogène. De plus, l'optimisation des processus de production, de stockage et d'utilisation de l'hydrogène nécessite une coordination et une collaboration entre les acteurs des secteurs de l'énergie solaire, de l'hydrogène et de l'industrie.

Les synergies entre l'hydrogène et l'énergie solaire offrent un potentiel significatif pour une transition vers un système énergétique plus propre, plus durable et plus résilient. En combinant la production d'hydrogène par électrolyse solaire avec son utilisation comme vecteur énergétique dans divers secteurs, il est possible de maximiser l'efficacité et la durabilité de notre approvisionnement en énergie tout en réduisant notre dépendance aux combustibles fossiles et en atténuant les impacts environnementaux du changement climatique. Pour réaliser pleinement ce potentiel, il est nécessaire d'investir dans la recherche, le développement technologique et l'infrastructure, ainsi que dans les politiques gouvernementales et les incitations financières favorables à une transition vers une économie de l'hydrogène et de l'énergie solaire.

62 - L'hydrogène dans l'énergie éolienne

L'intégration de l'hydrogène dans l'énergie éolienne représente une voie prometteuse vers un système énergétique plus propre, plus flexible et plus durable. En combinant la production d'hydrogène par électrolyse de l'eau avec l'énergie éolienne comme source d'alimentation, il est possible de créer un cycle énergétique renouvelable et décarboné.

L'électrolyse de l'eau utilisant l'énergie éolienne comme source d'électricité est une méthode prometteuse pour produire de l'hydrogène propre et renouvelable. Cette approche utilise des éoliennes pour produire de l'électricité, qui est ensuite utilisée pour alimenter des électrolyseurs, séparant ainsi l'eau en hydrogène et en oxygène. L'avantage principal de cette méthode est son caractère écoénergétique, car elle utilise une source d'énergie renouvelable abondante et gratuite pour alimenter le processus de production d'hydrogène.

L'hydrogène produit par électrolyse éolienne peut être stocké et utilisé comme vecteur énergétique dans divers secteurs, tels que les transports, l'industrie et la production d'électricité. Par exemple, l'hydrogène peut être utilisé comme carburant propre dans les piles à combustible pour alimenter des véhicules à hydrogène, offrant ainsi une alternative zéro émission aux combustibles fossiles. De plus, l'hydrogène peut être utilisé dans des applications industrielles pour remplacer les combustibles fossiles dans les processus de production, contribuant ainsi à réduire les émissions de CO_2.

L'hydrogène peut également être utilisé comme moyen de stockage de l'énergie éolienne excédentaire. En convertissant l'énergie éolienne en hydrogène par électrolyse pendant les périodes de forte production éolienne, l'hydrogène peut être stocké sous forme gazeuse ou liquide pour une utilisation ultérieure lorsque l'énergie éolienne n'est pas disponible, comme pendant les périodes de faible vent. Cette capacité de stockage à grande échelle permet de pallier l'intermittence de l'énergie éolienne et de garantir un approvisionnement continu en énergie propre et renouvelable.

En combinant l'hydrogène produit par électrolyse éolienne avec des technologies de stockage et de conversion efficaces, il est possible de réduire considérablement les émissions de carbone associées à la production et à l'utilisation d'énergie. En remplaçant les combustibles fossiles par de l'hydrogène propre et renouvelable, il est possible de réduire les émissions de gaz à effet de serre et de contribuer à atténuer le changement climatique.

Malgré ses avantages, l'intégration de l'hydrogène dans l'énergie éolienne présente certains défis à relever. Parmi ces défis, on peut citer l'efficacité énergétique limitée de l'électrolyse de l'eau, les coûts élevés des technologies de production d'hydrogène et de stockage, ainsi que les obstacles liés à l'infrastructure et à la distribution de l'hydrogène. De plus, l'optimisation des processus de production, de stockage et d'utilisation de l'hydrogène nécessite une coordination et une collaboration entre les acteurs des secteurs de l'énergie éolienne, de l'hydrogène et de l'industrie.

L'intégration de l'hydrogène dans l'énergie éolienne représente une opportunité significative pour une transition vers un système énergétique plus propre, plus durable et plus résilient. En combinant la production d'hydrogène par électrolyse éolienne avec son utilisation comme vecteur énergétique dans divers secteurs, il est possible de maximiser l'efficacité et la durabilité de notre approvisionnement en énergie tout en réduisant notre dépendance aux combustibles fossiles et en atténuant les impacts environnementaux du changement climatique. Pour réaliser pleinement ce potentiel, il est nécessaire d'investir dans la recherche, le développement technologique et l'infrastructure, ainsi que dans les politiques gouvernementales et les incitations financières favorables à une transition vers une économie de l'hydrogène et de l'énergie éolienne.

63 - L'hydrogène dans les projets de géothermie

L'intégration de l'hydrogène dans les projets de géothermie représente une stratégie prometteuse pour développer des systèmes énergétiques plus propres, plus durables et plus résilients. La géothermie, qui exploite la chaleur naturelle de la Terre, est une source d'énergie renouvelable stable et prévisible. Lorsqu'elle est combinée à la production d'hydrogène, elle peut offrir une solution complète pour répondre aux besoins énergétiques tout en réduisant les émissions de gaz à effet de serre.

L'électrolyse de l'eau peut être alimentée par l'électricité produite par les centrales géothermiques pour séparer l'eau en hydrogène et en oxygène. Cette méthode, appelée électrolyse géothermique, utilise la chaleur géothermique comme source d'énergie renouvelable pour alimenter le processus de production d'hydrogène. L'avantage principal de cette approche est qu'elle utilise une source d'énergie propre et renouvelable pour produire de l'hydrogène sans émissions de gaz à effet de serre.

L'hydrogène produit par électrolyse géothermique peut être stocké et utilisé comme vecteur énergétique dans divers secteurs, tels que les transports, l'industrie et la production d'électricité. Par exemple, l'hydrogène peut être utilisé comme carburant propre dans les piles à combustible pour alimenter des véhicules à hydrogène, offrant ainsi une alternative zéro émission aux combustibles fossiles. De plus, l'hydrogène peut être utilisé dans des applications industrielles pour remplacer les combustibles fossiles dans les processus de production, contribuant ainsi à réduire les émissions de CO_2.

L'hydrogène peut également être utilisé comme moyen de stockage de l'énergie géothermique excédentaire. En convertissant la chaleur géothermique en électricité pour alimenter l'électrolyse de l'eau pendant les périodes de forte production, l'hydrogène peut être stocké sous forme gazeuse ou liquide pour une utilisation ultérieure lorsque la demande en énergie est élevée ou lorsque la production géothermique est réduite. Cette capacité de stockage à grande échelle permet de lisser la production d'énergie et de garantir un approvisionnement continu en énergie propre et renouvelable.

En combinant l'hydrogène produit par électrolyse géothermique avec des technologies de stockage et de conversion efficaces, il est possible de réduire considérablement les émissions de carbone associées à la production et à l'utilisation d'énergie. En remplaçant les combustibles fossiles par de l'hydrogène propre et renouvelable, il est possible de réduire les émissions de gaz à effet de serre et de contribuer à atténuer le changement climatique.

Malgré ses avantages, l'intégration de l'hydrogène dans les projets de géothermie présente certains défis à relever. Parmi ces défis, on peut citer la disponibilité limitée des ressources géothermiques dans certaines régions, les coûts élevés des technologies de production d'hydrogène et de stockage, ainsi que les obstacles liés à l'infrastructure et à la distribution de l'hydrogène. De plus, l'optimisation des processus de production, de stockage et d'utilisation de l'hydrogène nécessite une coordination et une collaboration entre les acteurs des secteurs de la géothermie, de l'hydrogène et de l'industrie.

L'intégration de l'hydrogène dans les projets de géothermie ouvre la voie à une transition énergétique plus propre et durable. Cette combinaison permet d'utiliser la chaleur naturelle de la Terre pour produire de l'hydrogène, un vecteur énergétique polyvalent et écologique. Bien que cette convergence présente des avantages considérables, notamment en termes de réduction des émissions de gaz à effet de serre et de diversification de notre approvisionnement énergétique, elle est confrontée à des défis importants.

Ces défis comprennent la disponibilité limitée des ressources géothermiques, les coûts élevés des technologies de production et de stockage de l'hydrogène, ainsi que les défis logistiques liés à l'infrastructure et à la distribution. Cependant, en investissant dans la recherche, le développement technologique et l'infrastructure, et en mettant en place des politiques incitatives, nous pouvons surmonter ces obstacles et exploiter pleinement le potentiel de cette convergence pour créer un avenir énergétique plus durable et résilient.

64 - La prévention des fuites

La prévention des fuites d'hydrogène est une préoccupation majeure dans l'industrie, étant donné que l'hydrogène est un gaz hautement inflammable et peut présenter des risques significatifs s'il est mal manipulé ou s'il fuit dans l'environnement.

La conception et l'installation appropriées des systèmes de stockage, de transport et de distribution d'hydrogène sont essentielles pour prévenir les fuites. Cela comprend l'utilisation de matériaux compatibles avec l'hydrogène, tels que l'acier inoxydable et les alliages spéciaux, ainsi que la mise en place de dispositifs de sécurité tels que des soupapes de décharge et des détecteurs de fuite.

La surveillance continue des systèmes d'hydrogène est cruciale pour détecter rapidement les fuites potentielles et prendre des mesures correctives avant qu'elles ne deviennent des problèmes majeurs. Cela peut inclure l'utilisation de capteurs de gaz pour détecter les concentrations d'hydrogène dans l'air, ainsi que des systèmes de surveillance en temps réel pour suivre les variations de pression et de température.

Une formation adéquate du personnel sur les risques liés à l'hydrogène, ainsi que sur les procédures de sécurité et les mesures d'urgence à suivre en cas de fuite, est essentielle pour prévenir les accidents. Le personnel doit être informé des dangers associés à l'hydrogène, y compris son inflammabilité et sa capacité à former des mélanges explosifs dans l'air.

La maintenance régulière des équipements et des installations d'hydrogène est nécessaire pour s'assurer qu'ils fonctionnent correctement et qu'ils ne présentent pas de risques de fuite. Cela comprend l'inspection et le remplacement périodiques des composants défectueux, ainsi que la réparation immédiate des fuites détectées.

La gestion proactive des risques liés à l'hydrogène est une composante essentielle de la prévention des fuites. Cela implique l'identification et l'évaluation des dangers potentiels associés à l'hydrogène, ainsi que la mise en œuvre de mesures pour réduire ces risques à un niveau acceptable.

Dans certaines applications, l'utilisation de technologies de confinement, telles que les réservoirs à double paroi et les systèmes de confinement de fuite, peut aider à prévenir les fuites d'hydrogène en cas de défaillance des équipements ou des installations.

Enfin, la sensibilisation du public aux risques associés à l'hydrogène et aux mesures de prévention des fuites est importante pour assurer la sécurité des communautés environnantes. Cela peut inclure des campagnes d'information sur les dangers de l'hydrogène et les mesures de sécurité à prendre en cas d'urgence.

La prévention des fuites d'hydrogène est une priorité absolue pour garantir la sécurité des installations industrielles et la protection de l'environnement. En utilisant une combinaison de conception sûre, de surveillance continue, de formation du personnel, de maintenance régulière, de gestion des risques et de sensibilisation du public, il est possible de minimiser les risques associés à l'hydrogène et de prévenir efficacement les fuites. Cela permet non seulement de protéger la santé et la sécurité des travailleurs et des populations environnantes, mais aussi de promouvoir une utilisation sûre et responsable de l'hydrogène en tant que source d'énergie propre et renouvelable.

65 - L'hydrogène dans les technologies de refroidissement

L'hydrogène est un élément polyvalent qui trouve des applications dans diverses technologies, y compris les systèmes de refroidissement.

L'hydrogène est utilisé dans divers systèmes de refroidissement, notamment dans les réfrigérateurs, les congélateurs, les systèmes de climatisation et les technologies de refroidissement industriels. Son faible poids moléculaire et ses propriétés thermiques en font un fluide frigorigène efficace pour le transfert de chaleur.

L'hydrogène possède une conductivité thermique élevée, ce qui signifie qu'il peut transférer la chaleur rapidement et efficacement. De plus, son point d'ébullition extrêmement bas (-252,87°C) en fait un excellent choix pour les applications de refroidissement à très basse température.

Dans les systèmes de refroidissement cryogénique, tels que les aimants supraconducteurs utilisés dans les équipements médicaux et les accélérateurs de particules, l'hydrogène liquide est souvent utilisé comme fluide de refroidissement en raison de sa capacité à atteindre des températures extrêmement basses.

L'utilisation de l'hydrogène comme fluide frigorigène présente plusieurs avantages, notamment son efficacité énergétique, sa faible densité, sa non-toxicité et son potentiel à faible impact environnemental. De plus, l'hydrogène est abondant et largement disponible.

Malgré ses nombreux avantages, l'utilisation de l'hydrogène dans les technologies de refroidissement présente également des défis. L'hydrogène est un gaz inflammable et peut présenter des risques de sécurité s'il n'est pas manipulé correctement. De plus, son stockage et sa manipulation nécessitent des infrastructures spécifiques et des précautions de sécurité supplémentaires.

L'hydrogène liquide est largement utilisé comme fluide frigorigène dans l'industrie spatiale pour refroidir les réservoirs de carburant des fusées et des véhicules spatiaux. Sa capacité à maintenir des températures extrêmement basses en fait un choix idéal pour les applications spatiales.

Dans l'industrie électronique, l'hydrogène est utilisé pour refroidir les composants électroniques sensibles, tels que les semi-conducteurs et les circuits intégrés. Sa conductivité thermique élevée et son faible point d'ébullition en font un fluide frigorigène efficace pour dissiper la chaleur générée par les composants électroniques.

L'hydrogène continue d'être exploré comme fluide frigorigène alternatif dans le cadre des efforts visant à réduire l'empreinte environnementale des systèmes de refroidissement. Des recherches sont en cours pour développer des technologies de stockage et de manipulation plus sûres de l'hydrogène, ainsi que des systèmes de refroidissement plus efficaces et respectueux de l'environnement.

L'hydrogène joue un rôle important dans les technologies de refroidissement, offrant des avantages significatifs en termes d'efficacité énergétique et de performances thermiques. Malgré certains défis liés à sa manipulation et à sa sécurité, l'hydrogène continue d'être exploré comme une solution prometteuse pour répondre aux besoins de refroidissement dans divers domaines industriels et technologiques.

66 - Le greffage d'hydrogène pour modifier les polymères

Le greffage d'hydrogène est une technique utilisée pour modifier les propriétés des polymères en introduisant des groupes fonctionnels hydrogénés sur leur structure.

Le greffage d'hydrogène implique la formation de liaisons chimiques entre des atomes d'hydrogène et des sites réactifs sur la chaîne polymère. Ces liaisons peuvent être réalisées par diverses méthodes, telles que la polymérisation radicalaire, la polymérisation cationique ou la polymérisation anionique, suivies d'une réaction chimique pour introduire les groupes fonctionnels hydrogénés.

Le greffage d'hydrogène peut être utilisé pour modifier différentes propriétés des polymères, telles que leur hydrophilie, leur résistance à l'oxydation, leur adhésion et leur compatibilité avec d'autres matériaux. Par exemple, l'ajout de groupes hydrogénés peut rendre les polymères plus solubles dans l'eau, ce qui est utile pour les applications dans les revêtements, les adhésifs et les matériaux biomédicaux.

Le greffage d'hydrogène peut améliorer l'adhésion des polymères à différents substrats, tels que le métal, le verre ou d'autres polymères. Les groupes fonctionnels hydrogénés introduits sur la surface du polymère peuvent former des liaisons intermoléculaires avec les groupes fonctionnels présents sur la surface du substrat, ce qui augmente l'adhésion et la cohésion de l'interface polymère-substrat.

L'ajout de groupes hydrogénés peut également améliorer la stabilité chimique des polymères en réduisant leur susceptibilité à l'oxydation et à la dégradation thermique. Les liaisons C-H formées lors du greffage d'hydrogène peuvent protéger les polymères contre les réactions d'oxydation et les radicaux libres, ce qui prolonge leur durée de vie et leur résistance aux conditions environnementales défavorables.

Le greffage d'hydrogène peut également améliorer la compatibilité des polymères avec d'autres matériaux, tels que les charges minérales, les plastifiants ou d'autres polymères. Les interactions intermoléculaires entre les groupes fonctionnels hydrogénés et les autres composants du système peuvent favoriser la dispersion homogène des charges et des additifs, améliorant ainsi les propriétés globales du matériau composite.

Bien que le greffage d'hydrogène offre de nombreux avantages pour la modification des polymères, il présente également certains défis. Ces défis incluent la maîtrise des conditions de réaction pour obtenir un degré de greffage optimal, la sélection appropriée des monomères et des catalyseurs, ainsi que la nécessité de caractériser précisément la structure et les propriétés des polymères modifiés.

Le greffage d'hydrogène continue d'être un domaine de recherche actif dans le domaine des matériaux polymères, avec un intérêt croissant pour son application dans des domaines tels que l'emballage alimentaire, la fabrication de dispositifs médicaux et les revêtements de surface. Des recherches supplémentaires sont nécessaires pour développer de nouvelles méthodes de greffage d'hydrogène et pour explorer les applications potentielles de cette technique dans divers secteurs industriels.

Le greffage d'hydrogène est une technique puissante pour modifier les propriétés des polymères et améliorer leur performance dans une variété d'applications industrielles et technologiques. Bien que certains défis persistent, le développement continu de nouvelles méthodes et de nouveaux matériaux promet des avancées significatives dans ce domaine dans les années à venir.

67 - Les avantages de l'hydrogène dans l'exploration spatiale

L'hydrogène joue un rôle essentiel dans l'exploration spatiale en raison de ses caractéristiques uniques et de ses nombreux avantages.

L'hydrogène est l'un des carburants les plus efficaces pour propulser les fusées. En combinaison avec l'oxygène liquide, il produit une combustion propre et puissante qui génère une poussée considérable. Cela permet aux vaisseaux spatiaux de transporter des charges utiles plus importantes et d'atteindre des vitesses plus élevées avec une quantité de carburant relativement faible.

L'hydrogène est l'élément le plus léger de l'univers, ce qui en fait un choix idéal pour les missions spatiales où chaque kilogramme compte. Son faible poids spécifique permet aux vaisseaux spatiaux de transporter plus de carburant sans augmenter significativement leur masse totale, ce qui est crucial pour les missions longue distance et les voyages interplanétaires.

L'hydrogène est abondant dans l'univers, ce qui en fait une ressource facilement disponible pour les missions spatiales. Il peut être extrait de l'eau, des hydrocarbures ou même directement de l'atmosphère des planètes ou des lunes, ce qui en fait une source de carburant potentiellement illimitée pour les futures missions d'exploration spatiale.

La combustion de l'hydrogène produit de l'eau comme seul sous-produit, ce qui en fait un carburant propre et respectueux de l'environnement pour les missions spatiales. Contrairement aux carburants traditionnels, tels que le kérosène ou le carburant solide, l'hydrogène n'émet pas de polluants atmosphériques nocifs ou de résidus toxiques dans l'espace.

L'hydrogène est utilisé dans une variété de systèmes de propulsion spatiale, y compris les moteurs à réaction liquide, les piles à combustible et les propulseurs ioniques. Sa polyvalence permet aux ingénieurs spatiaux de concevoir des missions sur mesure en fonction des besoins spécifiques de chaque mission, qu'il s'agisse d'explorer une planète, de ravitailler une station spatiale ou de lancer des satellites en orbite.

L'hydrogène est un carburant durable et renouvelable, ce qui en fait un choix attrayant pour les missions spatiales à long terme. Contrairement aux combustibles fossiles, qui sont limités et non renouvelables, l'hydrogène peut être produit en utilisant des sources d'énergie renouvelables telles que l'énergie solaire ou éolienne, ce qui garantit un approvisionnement continu pour les futures générations de voyageurs spatiaux.

Bien que les coûts initiaux de développement et de mise en œuvre des systèmes à hydrogène puissent être élevés, les avantages à long terme de l'utilisation de l'hydrogène dans l'exploration spatiale sont significatifs. Sa légèreté et son efficacité énergétique permettent de réduire les coûts de lancement et de maximiser la charge utile des missions, ce qui se traduit par des économies de coûts importantes sur le long terme.

L'hydrogène offre de nombreux avantages dans l'exploration spatiale, allant de son efficacité énergétique et de sa légèreté à sa disponibilité et sa propreté. En exploitant ces caractéristiques uniques, les ingénieurs spatiaux peuvent concevoir des missions spatiales plus ambitieuses et plus durables, ouvrant ainsi la voie à de nouvelles découvertes et à de nouvelles frontières dans l'univers.

68 - Les missions spatiales utilisant l'hydrogène

Les missions spatiales utilisant l'hydrogène ont joué un rôle crucial dans l'exploration de l'espace depuis des décennies. L'hydrogène, en tant que carburant principal ou élément clé des systèmes de propulsion, a permis à l'humanité d'atteindre des objectifs ambitieux, de l'exploration de la Lune aux missions interplanétaires.

Le Programme Apollo de la NASA est l'un des exemples les plus célèbres de missions spatiales utilisant l'hydrogène. Les fusées Saturn V qui ont emmené les astronautes sur la Lune étaient propulsées par des moteurs à ergols liquides utilisant de l'hydrogène et de l'oxygène liquide comme carburants. L'utilisation de l'hydrogène a permis aux fusées Saturn V de générer une poussée énorme tout en réduisant leur poids total, ce qui était essentiel pour atteindre l'orbite lunaire et accomplir l'objectif historique de l'alunissage.

Les navettes spatiales de la NASA, telles que la navette spatiale Columbia, ont également utilisé de l'hydrogène dans leurs systèmes de propulsion. Les moteurs principaux des navettes spatiales étaient alimentés par un mélange d'hydrogène liquide et d'oxygène liquide, produisant une poussée impressionnante nécessaire pour atteindre l'orbite terrestre et déployer des charges utiles telles que des satellites ou des modules de la station spatiale internationale (ISS). L'hydrogène a également été utilisé dans les réservoirs cryogéniques des navettes spatiales pour fournir de l'électricité et de l'eau potable à l'équipage pendant les missions.

De nombreuses missions d'exploration planétaire, telles que les missions Voyager, Cassini-Huygens et Juno, ont également utilisé l'hydrogène dans leurs systèmes de propulsion. Les sondes spatiales utilisent souvent des moteurs à ergols liquides à hydrogène et oxygène pour les manœuvres d'insertion en orbite et les corrections de trajectoire, ainsi que pour les manœuvres d'approche et de capture autour des planètes ou des lunes cibles. L'hydrogène est apprécié pour sa haute performance spécifique et sa polyvalence dans les environnements extraterrestres.

Bien que l'ISS soit alimentée principalement par des panneaux solaires, l'hydrogène joue un rôle crucial dans la génération d'électricité à bord de la station spatiale. Les panneaux solaires de l'ISS produisent de l'hydrogène en excès lorsqu'ils sont exposés à la lumière du soleil, qui est ensuite stocké dans des réservoirs cryogéniques pour une utilisation ultérieure dans les piles à combustible à hydrogène. Ces piles à combustible fournissent de l'électricité, de l'eau potable et de la chaleur à l'équipage de l'ISS, offrant une source d'énergie propre et renouvelable pour les opérations spatiales à long terme.

L'hydrogène continuera de jouer un rôle important dans les futures missions spatiales, notamment dans le cadre des efforts visant à retourner sur la Lune, à explorer Mars et à étudier d'autres corps célestes du système solaire. Les technologies de propulsion à hydrogène, telles que les moteurs à ergols liquides et les piles à combustible, seront essentielles pour permettre des missions spatiales plus ambitieuses et plus durables dans les décennies à venir.

L'hydrogène a été un élément essentiel de nombreuses missions spatiales historiques et actuelles, permettant à l'humanité d'explorer l'espace lointain et d'accomplir des réalisations remarquables. Son utilisation dans les systèmes de propulsion, les générateurs d'énergie et les systèmes de support de vie témoigne de sa polyvalence et de son importance pour l'exploration spatiale. Alors que nous envisageons l'avenir de l'exploration spatiale, l'hydrogène continuera d'être un pilier fondamental de nos efforts pour comprendre l'univers et explorer de nouveaux horizons.

69 - Les constructeurs automobiles qui investissent

Au cours des dernières années, de nombreux constructeurs automobiles ont manifesté un intérêt croissant pour l'hydrogène en tant que solution de mobilité propre et durable. Cette technologie promet de réduire les émissions de gaz à effet de serre et de contribuer à la lutte contre le changement climatique, tout en offrant une alternative aux véhicules électriques à batterie.

Toyota est l'un des pionniers de la technologie de l'hydrogène dans l'industrie automobile. La société a lancé la première voiture de série à hydrogène, la Toyota Mirai, en 2014. Depuis lors, Toyota a continué à investir massivement dans la recherche et le développement de la technologie à hydrogène, en travaillant sur des améliorations de la pile à combustible et des infrastructures de ravitaillement en hydrogène. Toyota envisage l'hydrogène comme une solution viable pour les véhicules légers, les camions et même les autobus.

Hyundai est un autre constructeur automobile qui mise fortement sur l'hydrogène. La Hyundai Nexo, une voiture à hydrogène de taille moyenne, est l'un des véhicules les plus avancés sur le marché. Hyundai investit également dans le développement de camions à hydrogène et dans des solutions de mobilité à pile à combustible pour les flottes commerciales. La société vise à devenir un leader mondial dans le domaine de la mobilité à hydrogène et a investi massivement dans la construction d'infrastructures de ravitaillement en hydrogène.

Honda s'est engagé à développer des véhicules à hydrogène depuis de nombreuses années. La Honda Clarity Fuel Cell est une voiture à hydrogène spacieuse et confortable qui offre une autonomie compétitive. Honda explore également d'autres applications de l'hydrogène, telles que les véhicules utilitaires légers et les groupes électrogènes à hydrogène pour les applications résidentielles et commerciales.

Bien que BMW soit plus connu pour ses voitures électriques à batterie, la société a récemment annoncé son intention de développer des véhicules à hydrogène. BMW envisage l'hydrogène comme un complément à sa gamme existante de véhicules électriques, offrant une solution de mobilité alternative pour les clients qui ont besoin d'une autonomie plus longue ou qui ont un accès limité aux infrastructures de recharge.

Mercedes-Benz s'est également lancé dans le développement de véhicules à hydrogène avec le Mercedes-Benz GLC F-CELL, un SUV hybride à hydrogène et à batterie. La société investit dans la technologie de l'hydrogène en tant que solution de mobilité durable pour l'avenir, en se concentrant sur le développement de piles à combustible plus efficaces et sur l'expansion des infrastructures de ravitaillement en hydrogène.

General Motors a récemment annoncé son intention de construire des camions légers à hydrogène en partenariat avec Nikola Corporation. Ce partenariat vise à développer des camions à hydrogène à zéro émission pour les marchés des flottes commerciales et des transports longue distance. General Motors prévoit également d'investir dans la construction d'infrastructures de ravitaillement en hydrogène pour soutenir le déploiement de ces véhicules.

De nombreux constructeurs automobiles reconnaissent le potentiel de l'hydrogène en tant que solution de mobilité propre et durable pour l'avenir. En investissant dans la recherche et le développement de la technologie à hydrogène, ainsi que dans la construction d'infrastructures de ravitaillement en hydrogène, ces entreprises espèrent contribuer à la transition vers une économie de l'hydrogène et à la réduction des émissions de gaz à effet de serre dans le secteur des transports.

70 - Les avantages de l'hydrogène dans les véhicules lourds

L'hydrogène est de plus en plus considéré comme une solution prometteuse pour les véhicules lourds, tels que les camions, les bus et les trains. Cette technologie offre plusieurs avantages significatifs par rapport aux carburants traditionnels, ce qui en fait une option attrayante pour les secteurs du transport qui cherchent à réduire leurs émissions de carbone et leur dépendance aux combustibles fossiles.

L'un des principaux avantages de l'hydrogène dans les véhicules lourds est qu'il permet de réduire les émissions de gaz à effet de serre et de polluants atmosphériques. Les véhicules à hydrogène fonctionnant avec des piles à combustible n'émettent que de l'eau et de la chaleur comme sous-produits, ce qui en fait une solution de mobilité à zéro émission idéale pour les zones urbaines et les environnements sensibles à la pollution.

Les véhicules à hydrogène offrent une autonomie comparable à celle des véhicules diesel ou à essence, tout en permettant des temps de recharge beaucoup plus rapides que les véhicules électriques à batterie. Les camions et les bus à hydrogène peuvent être ravitaillés en quelques minutes, ce qui permet une utilisation continue et une réduction des temps d'arrêt pour le ravitaillement.

Les moteurs à hydrogène offrent des performances comparables, voire supérieures, à celles des moteurs diesel ou à essence, avec une puissance élevée et un couple instantané. Cela rend les véhicules à hydrogène adaptés à une variété d'applications, y compris le transport de marchandises lourdes sur de longues distances, où la puissance et la capacité de remorquage sont essentielles.

Les véhicules à hydrogène équipés de piles à combustible sont généralement plus silencieux que leurs homologues à combustion interne, ce qui réduit la pollution sonore dans les zones urbaines et améliore le confort des conducteurs et des passagers. Cela est particulièrement important pour les véhicules lourds, tels que les bus et les camions, qui circulent souvent dans des zones résidentielles et commerciales densément peuplées.

L'hydrogène peut être produit à partir d'une variété de sources d'énergie renouvelables, telles que l'énergie solaire, éolienne et hydraulique, ainsi que par électrolyse de l'eau. Cette polyvalence en fait une solution de mobilité flexible et durable, adaptée à une gamme de besoins et de contextes géographiques différents.

L'utilisation de l'hydrogène dans les véhicules lourds contribue à la transition vers une économie de l'hydrogène et à la réduction des émissions de carbone dans le secteur des transports. En investissant dans les infrastructures de ravitaillement en hydrogène et en développant des partenariats avec les constructeurs automobiles, les entreprises de transport peuvent jouer un rôle actif dans la lutte contre le changement climatique et la promotion d'une mobilité durable.

En réduisant les émissions de polluants atmosphériques, tels que les oxydes d'azote et les particules fines, les véhicules à hydrogène contribuent à améliorer la qualité de l'air dans les zones urbaines et à réduire les impacts néfastes sur la santé publique associés à la pollution de l'air.

L'hydrogène offre de nombreux avantages dans les véhicules lourds, notamment des émissions zéro, une autonomie et un temps de recharge rapides, des performances élevées, une réduction du bruit, une polyvalence et une flexibilité, ainsi qu'une contribution à la transition énergétique et à l'amélioration de la qualité de l'air. Avec le soutien des gouvernements, des industries et des consommateurs, l'hydrogène pourrait jouer un rôle crucial dans la création d'un avenir du transport plus propre, plus efficace et plus durable.

71 - L'hydrogène dans le transport maritime

L'introduction de l'hydrogène dans le transport maritime offre un potentiel immense pour réduire les émissions de gaz à effet de serre et favoriser une navigation plus durable.

L'une des principales motivations pour adopter l'hydrogène dans le transport maritime est sa capacité à réduire les émissions de gaz à effet de serre. Les moteurs à combustion interne fonctionnant à l'hydrogène n'émettent que de l'eau et de la chaleur, éliminant ainsi les émissions de dioxyde de carbone et d'autres polluants nocifs associés aux carburants fossiles. Cela contribue à atténuer l'impact environnemental du transport maritime et à lutter contre le changement climatique.

L'hydrogène peut être utilisé dans une variété de navires, y compris les ferries, les navires de croisière, les cargos et les porte-conteneurs. Sa polyvalence en fait une solution attrayante pour diverses applications dans le secteur maritime, qu'il s'agisse de voyages à courte distance, de traversées océaniques ou de transport de marchandises à longue distance.

Les navires à hydrogène peuvent bénéficier d'une autonomie étendue, ce qui est essentiel pour les voyages de longue durée sur les océans. Les réservoirs de stockage d'hydrogène peuvent être dimensionnés pour répondre aux besoins énergétiques des navires pendant de longues périodes sans nécessiter de ravitaillement fréquent.

Les moteurs à hydrogène sont généralement plus silencieux que les moteurs diesel traditionnels, ce qui réduit la pollution sonore dans les zones portuaires et améliore le confort des passagers et de l'équipage à bord des navires. De plus, les vibrations associées aux moteurs à combustion interne sont réduites, ce qui contribue à une expérience de navigation plus agréable.

L'adoption de l'hydrogène dans le transport maritime stimule l'innovation technologique dans le secteur, y compris le développement de systèmes de stockage et de distribution d'hydrogène sûrs et efficaces, ainsi que de moteurs à combustion interne plus performants et plus durables. Ces avancées technologiques ont le potentiel de bénéficier à d'autres industries et secteurs de transport.

L'utilisation de l'hydrogène dans le transport maritime peut contribuer à renforcer la sécurité énergétique en réduisant la dépendance aux combustibles fossiles importés. En produisant de l'hydrogène localement à partir de sources d'énergie renouvelable, les pays côtiers peuvent diversifier leurs approvisionnements énergétiques et réduire leur vulnérabilité aux fluctuations des prix du pétrole et du gaz.

Bien que les coûts initiaux d'investissement dans les infrastructures et les technologies à hydrogène puissent être élevés, les avantages à long terme, tels que les économies sur les carburants et les coûts d'exploitation réduits, peuvent compenser ces dépenses initiales. De plus, la réduction des risques liés à la volatilité des prix des combustibles fossiles peut rendre l'hydrogène plus attractif sur le plan économique à long terme.

L'hydrogène offre de nombreux avantages dans le transport maritime, notamment la réduction des émissions de gaz à effet de serre, l'adaptabilité à différents types de navires, une autonomie étendue, la réduction du bruit et des vibrations, la stimulation de l'innovation technologique, le renforcement de la sécurité énergétique et la réduction des coûts à long terme. Avec un engagement continu envers la recherche, le développement et la mise en œuvre de l'hydrogène dans le secteur maritime, il est possible de créer un avenir plus durable et plus respectueux de l'environnement pour le transport maritime mondial.

72 - L'hydrogène et la nanotechnologie

L'hydrogène et la nanotechnologie sont deux domaines de recherche et de développement qui interagissent de manière significative, offrant un potentiel considérable pour des avancées technologiques dans de nombreux secteurs.

La nanotechnologie offre des solutions innovantes pour le stockage sûr et efficace de l'hydrogène. Des matériaux nanostructurés, tels que les nanoparticules métalliques, les nanotubes de carbone et les matériaux hybrides, peuvent être utilisés pour augmenter la capacité de stockage d'hydrogène des réservoirs, réduire les temps de charge et améliorer la stabilité des matériaux d'adsorption. Ces avancées ouvrent la voie à une utilisation plus répandue de l'hydrogène comme vecteur énergétique dans les applications de transport, de stockage d'énergie et de production industrielle.

Les nanoparticules métalliques et les nanomatériaux catalytiques jouent un rôle crucial dans la production et l'utilisation de l'hydrogène. Les catalyseurs nanostructurés peuvent accélérer les réactions chimiques impliquées dans la production d'hydrogène à partir de sources telles que l'eau, les hydrocarbures et les biomasses, ainsi que dans les processus de conversion de l'hydrogène en électricité dans les piles à combustible. En optimisant la taille, la forme et la composition des nanoparticules, les chercheurs peuvent améliorer l'efficacité et la sélectivité des catalyseurs, réduisant ainsi les coûts et les exigences en matériaux précieux tels que le platine.

La nanotechnologie offre également des solutions pour améliorer les infrastructures de stockage et de distribution de l'hydrogène. Des matériaux nanostructurés tels que les membranes polymères et les nanoparticules de métaux poreux peuvent être utilisés pour séparer, purifier et transporter l'hydrogène de manière plus efficace et sécurisée. De plus, les capteurs nanostructurés peuvent être intégrés aux réseaux de distribution pour surveiller en temps réel la qualité de l'hydrogène et détecter toute fuite potentielle, renforçant ainsi la sécurité et la fiabilité des systèmes.

Les nanotechnologies jouent un rôle crucial dans le développement de piles à combustible plus performantes et plus durables. Des matériaux nanostructurés, tels que les membranes conductrices de protons, les électrodes catalytiques et les supports de catalyseurs, permettent d'améliorer l'efficacité, la durabilité et la stabilité des piles à combustible à hydrogène. En réduisant les coûts et en améliorant les performances des piles à combustible, la nanotechnologie ouvre la voie à une adoption plus large de cette technologie propre dans les applications de transport, de production d'électricité et de stockage d'énergie.

Enfin, la nanotechnologie offre des solutions pour surveiller et traiter les effets environnementaux de l'hydrogène et de ses dérivés. Des nanomatériaux tels que les nanotubes de carbone, les nanofibres et les nanocatalyseurs peuvent être utilisés pour décontaminer les eaux usées et les émissions atmosphériques résultant de la production et de l'utilisation de l'hydrogène. De plus, les nanocapteurs peuvent être utilisés pour surveiller les niveaux de pollution et les effets sur la santé publique, permettant ainsi une gestion plus efficace des risques environnementaux associés à l'hydrogène et à ses applications.

La nanotechnologie joue un rôle crucial dans le développement et l'adoption de l'hydrogène en tant que vecteur énergétique propre et durable. En combinant les progrès dans le stockage, la production, la distribution, les piles à combustible et les applications environnementales, la convergence de l'hydrogène et de la nanotechnologie ouvre de nouvelles perspectives pour une transition vers une économie de l'hydrogène plus durable et plus respectueuse de l'environnement. Avec des investissements continus dans la recherche et le développement, il est possible de réaliser pleinement le potentiel de cette convergence pour relever les défis énergétiques et environnementaux du 21e siècle.

73 - L'hydrogène et la recherche sur les piles à combustible

L'hydrogène et la recherche sur les piles à combustible sont deux domaines étroitement liés qui jouent un rôle crucial dans la transition vers une économie de l'énergie propre et durable.

La recherche sur les piles à combustible est étroitement liée à la production et au stockage de l'hydrogène, car les piles à combustible utilisent de l'hydrogène comme combustible principal pour produire de l'électricité. Les avancées dans les technologies de production d'hydrogène, telles que l'électrolyse de l'eau, le reformage du méthane et la photolyse de l'eau, ainsi que le développement de matériaux de stockage d'hydrogène, sont essentielles pour rendre les piles à combustible plus efficaces et plus durables.

La recherche sur les piles à combustible se concentre également sur l'optimisation des catalyseurs et des électrodes utilisés dans les cellules de la pile à combustible. Les catalyseurs à base de platine sont couramment utilisés dans les piles à combustible à membrane échangeuse de protons (PEMFC), mais des recherches sont en cours pour développer des catalyseurs moins coûteux et plus durables, à base de métaux non précieux ou de matériaux nanostructurés. De plus, l'amélioration des électrodes et des membranes conductrices de protons permet d'augmenter l'efficacité et la durabilité des piles à combustible.

Un défi majeur dans la recherche sur les piles à combustible est d'assurer leur durabilité et leur fiabilité à long terme. Les efforts de recherche visent à identifier et à atténuer les mécanismes de dégradation des composants des piles à combustible, tels que la corrosion des électrodes, l'oxydation des membranes et la contamination des catalyseurs. Des avancées dans la conception des matériaux et des architectures de piles à combustible peuvent contribuer à prolonger leur durée de vie et à réduire leurs coûts de maintenance.

La recherche sur les piles à combustible ne se limite pas aux composants individuels, mais englobe également l'intégration et l'optimisation des systèmes de piles à combustible dans diverses applications. Des études sont menées sur les systèmes de piles à combustible à haute température pour les applications stationnaires, les systèmes de piles à combustible à basse température pour les véhicules automobiles et les systèmes de piles à combustible hybrides pour une utilisation polyvalente. L'objectif est de développer des solutions de piles à combustible efficaces, économiques et adaptées à des applications spécifiques.

La recherche sur les piles à combustible ouvre la voie à de nombreuses applications émergentes dans des domaines tels que les véhicules électriques, le stockage d'énergie, les équipements portables et les applications stationnaires. Les piles à combustible peuvent fournir une source d'énergie propre et efficace dans des environnements où les batteries traditionnelles sont limitées en autonomie ou en puissance. Par exemple, les véhicules à hydrogène équipés de piles à combustible offrent une alternative aux véhicules électriques à batterie, avec une autonomie et un temps de recharge comparables à ceux des véhicules à combustion interne.

La recherche sur les piles à combustible joue un rôle crucial dans le développement et l'adoption de l'hydrogène comme vecteur énergétique propre et durable. Les avancées dans la production d'hydrogène, les catalyseurs, les électrodes, la durabilité des composants et l'intégration des systèmes contribuent à rendre les piles à combustible plus compétitives sur le plan économique et plus attractives pour une variété d'applications. Avec des investissements continus dans la recherche et le développement, il est possible de réaliser pleinement le potentiel des piles à combustible pour répondre aux défis énergétiques et environnementaux du 21e siècle.

74 - Les avantages de l'hydrogène dans l'aviation

L'hydrogène émerge comme une solution prometteuse pour répondre aux défis environnementaux et opérationnels de l'aviation.

L'un des principaux avantages de l'hydrogène dans l'aviation est sa capacité à réduire considérablement les émissions de carbone. Lorsqu'il est utilisé comme combustible, l'hydrogène ne produit que de l'eau et de la chaleur lors de la combustion, éliminant ainsi les émissions de gaz à effet de serre telles que le dioxyde de carbone (CO_2) et les oxydes d'azote (NOx). Cette réduction des émissions contribue à atténuer l'impact environnemental du transport aérien et à lutter contre le changement climatique.

L'hydrogène offre également des avantages en termes d'efficacité énergétique par rapport aux carburants fossiles traditionnels. En raison de sa densité énergétique élevée et de son pouvoir calorifique supérieur, l'hydrogène peut fournir une source d'énergie plus efficace pour les moteurs d'avion, ce qui se traduit par une meilleure autonomie et des performances de vol améliorées. De plus, les moteurs à hydrogène peuvent être conçus pour être plus légers et plus compacts que leurs homologues à combustion interne, réduisant ainsi la masse totale de l'avion et améliorant son efficacité globale.

L'introduction de l'hydrogène dans l'aviation permet de diversifier les sources d'énergie utilisées dans le secteur aéronautique. Actuellement largement dépendant des carburants fossiles, l'aviation peut bénéficier de la transition vers une économie de l'hydrogène, en exploitant des sources d'énergie renouvelable telles que l'énergie solaire, éolienne et hydroélectrique pour produire de l'hydrogène propre. Cette diversification réduit la dépendance aux combustibles fossiles et renforce la résilience de l'industrie de l'aviation face aux fluctuations des prix du pétrole et aux contraintes environnementales.

Les moteurs à hydrogène présentent également des avantages en termes de réduction du bruit et des vibrations par rapport aux moteurs à combustion interne traditionnels. En raison de leur conception plus simple et de leur fonctionnement plus silencieux, les moteurs à hydrogène contribuent à réduire la pollution sonore dans les aéroports et les zones environnantes, améliorant ainsi le confort des riverains et des passagers. De plus, les vibrations associées aux moteurs à combustion interne sont considérablement réduites, ce qui se traduit par une expérience de vol plus confortable pour les passagers et l'équipage.

En plus de ses avantages environnementaux et opérationnels, l'hydrogène offre également des avantages économiques pour l'industrie de l'aviation. Bien que les coûts initiaux d'investissement dans l'infrastructure de production, de stockage et de distribution de l'hydrogène puissent être élevés, les économies à long terme sur les carburants et les coûts d'exploitation peuvent compenser ces dépenses initiales. De plus, la réduction des coûts liés à la conformité aux réglementations environnementales et aux taxes sur les émissions de carbone peut rendre l'hydrogène plus attractif sur le plan économique à long terme.

L'hydrogène présente de nombreux avantages dans l'aviation, notamment la réduction des émissions de carbone, l'amélioration de l'efficacité énergétique, la diversification des sources d'énergie, la réduction du bruit et des vibrations, ainsi que des avantages économiques potentiels. Avec un engagement continu envers la recherche, le développement et l'adoption de l'hydrogène comme source d'énergie alternative dans l'aviation, il est possible de créer un avenir plus durable et plus respectueux de l'environnement pour le transport aérien mondial.

75 - Utilisation de l'hydrogène dans l'agriculture

L'hydrogène offre un potentiel prometteur dans le secteur agricole, offrant des solutions innovantes pour répondre aux défis de durabilité, de production alimentaire et d'utilisation efficace des ressources.

L'une des utilisations les plus importantes de l'hydrogène dans l'agriculture est la production d'engrais. L'ammoniac, qui est un composant essentiel des engrais azotés, peut être synthétisé à partir d'hydrogène et d'azote atmosphérique par le procédé Haber-Bosch. L'hydrogène est utilisé comme matière première dans ce processus pour réagir avec l'azote et produire de l'ammoniac, qui est ensuite utilisé pour fabriquer une gamme d'engrais azotés utilisés dans l'agriculture moderne.

L'hydrogène peut également jouer un rôle important dans le stockage et la distribution d'énergie pour les exploitations agricoles. Les systèmes de stockage d'hydrogène peuvent stocker l'énergie produite à partir de sources renouvelables telles que le solaire et l'éolien lorsqu'elle est abondante, puis la libérer lorsque la demande est plus élevée. Cela peut permettre aux agriculteurs d'utiliser efficacement l'énergie renouvelable sur place, réduisant ainsi leur dépendance aux combustibles fossiles et contribuant à la transition vers une agriculture plus durable.

L'hydrogène peut également être utilisé pour alimenter des équipements agricoles électriques, tels que les tracteurs et les véhicules utilitaires. Les piles à combustible à hydrogène peuvent convertir l'hydrogène en électricité de manière efficace et propre, offrant ainsi une alternative aux moteurs à combustion interne alimentés par des carburants fossiles. Cela permet de réduire les émissions de gaz à effet de serre et la pollution de l'air associées à l'utilisation de machines agricoles conventionnelles, tout en offrant une plus grande autonomie et une plus grande polyvalence sur le terrain.

L'hydrogène peut également être utilisé pour améliorer la qualité de l'eau dans les systèmes agricoles. Par exemple, l'oxydation avancée à l'hydrogène peut être utilisée pour décomposer les contaminants organiques présents dans les eaux usées agricoles, les eaux de ruissellement et les eaux de drainage. Cette technologie permet de purifier l'eau de manière efficace et écologique, réduisant ainsi l'impact environnemental des activités agricoles sur les écosystèmes aquatiques locaux.

Dans le domaine du traitement post-récolte, l'hydrogène peut être utilisé pour prolonger la durée de conservation des produits agricoles. Par exemple, l'atmosphère contrôlée à l'hydrogène peut être utilisée pour stocker les fruits et légumes frais, en ralentissant le processus de maturation et en réduisant la dégradation post-récolte. De plus, l'hydrogène peut être utilisé dans le traitement des eaux de lavage pour éliminer les contaminants microbiens et prolonger la durée de conservation des produits frais.

Enfin, l'hydrogène peut contribuer à réduire les émissions de gaz à effet de serre et la pollution de l'air associées aux pratiques agricoles. Par exemple, l'utilisation d'engrais à base d'hydrogène peut réduire les émissions de gaz à effet de serre associées à la production d'engrais conventionnels à base de combustibles fossiles. De plus, l'électrification des équipements agricoles à l'hydrogène peut réduire les émissions de dioxyde de carbone (CO_2) et d'oxydes d'azote (NOx) provenant des moteurs à combustion interne.

L'hydrogène offre de nombreuses possibilités d'innovation et d'amélioration dans le secteur agricole, allant de la production d'engrais à l'électrification des équipements, en passant par le traitement de l'eau et le traitement post-récolte. En intégrant l'hydrogène dans les pratiques agricoles, il est possible de favoriser une agriculture plus durable, plus efficace et plus respectueuse de l'environnement, tout en contribuant à la sécurité alimentaire mondiale et à la lutte contre le changement climatique.

76 - L'hydrogène dans la production d'engrais

L'hydrogène joue un rôle fondamental dans la production d'engrais, un élément essentiel de l'agriculture moderne qui permet d'augmenter la productivité et la qualité des cultures.

L'hydrogène est utilisé dans le processus de synthèse de l'ammoniac, qui est ensuite transformé en divers engrais azotés utilisés dans l'agriculture. Le procédé Haber-Bosch, développé au début du 20e siècle, est le principal procédé de production d'ammoniac à partir d'hydrogène et d'azote atmosphérique. Dans ce processus, l'hydrogène est combiné avec de l'azote dans des conditions de haute température (400-500°C) et de haute pression (200-300 bars) en présence d'un catalyseur métallique tel que le fer, pour former de l'ammoniac (NH_3). Cette réaction chimique permet de synthétiser de grandes quantités d'ammoniac à des coûts relativement bas.

L'ammoniac produit dans le processus Haber-Bosch peut être transformé en divers engrais azotés utilisés dans l'agriculture. Parmi les plus courants, on trouve l'urée, le nitrate d'ammonium et l'urée ammoniacale. Ces engrais sont largement utilisés pour fournir de l'azote aux cultures, ce qui favorise leur croissance, leur développement racinaire et leur rendement. L'utilisation d'engrais azotés permet également d'améliorer la qualité des cultures en augmentant la teneur en protéines et en éléments nutritifs essentiels.

L'hydrogène joue donc un rôle crucial dans la production d'engrais, ce qui a un impact significatif sur l'agriculture mondiale. Les engrais azotés produits à partir d'hydrogène permettent aux agriculteurs d'augmenter la fertilité des sols, d'améliorer la croissance des cultures et d'optimiser les rendements agricoles. Cela contribue à la sécurité alimentaire mondiale en garantissant un approvisionnement adéquat en nutriments essentiels pour les plantes, ce qui est particulièrement important dans un contexte de croissance démographique et de pression sur les ressources agricoles.

Bien que la production d'engrais à base d'hydrogène soit associée à une consommation d'énergie importante et à des émissions de gaz à effet de serre, des efforts sont en cours pour réduire son impact environnemental. Par exemple, des recherches sont menées sur des technologies de production d'hydrogène plus propres et plus durables, telles que l'électrolyse de l'eau utilisant de l'électricité renouvelable. De plus, des pratiques agricoles durables, telles que la gestion efficace des engrais et l'utilisation d'engrais à libération contrôlée, peuvent contribuer à réduire les pertes d'azote dans l'environnement et à minimiser les impacts négatifs sur les écosystèmes aquatiques et terrestres.

À l'avenir, l'utilisation de l'hydrogène dans la production d'engrais pourrait évoluer vers des technologies plus durables et plus respectueuses de l'environnement. Par exemple, des recherches sont en cours sur la production d'ammoniac à partir d'hydrogène renouvelable et d'azote atmosphérique capturé de l'air, ce qui permettrait de réduire considérablement les émissions de carbone associées à la production d'engrais. De plus, des initiatives visant à améliorer l'efficacité des engrais et à réduire les pertes d'azote dans l'environnement pourraient contribuer à rendre l'agriculture plus durable et plus respectueuse de l'environnement.

L'hydrogène joue un rôle essentiel dans la production d'engrais, ce qui a un impact significatif sur l'agriculture mondiale. Bien que la production d'engrais à base d'hydrogène soit associée à des défis environnementaux, des efforts sont en cours pour développer des technologies plus durables et plus respectueuses de l'environnement. En exploitant le potentiel de l'hydrogène dans la production d'engrais, il est possible de soutenir une agriculture plus productive, plus durable et plus respectueuse de l'environnement pour répondre aux défis alimentaires et environnementaux du 21e siècle.

77 - L'hydrogène pour l'électrification des zones rurales

L'électrification des zones rurales est un enjeu majeur pour promouvoir le développement économique et social dans les régions éloignées et isolées. L'hydrogène émerge comme une solution prometteuse pour répondre à ce défi en fournissant une source d'énergie propre, durable et polyvalente.

Dans de nombreuses régions du monde, les zones rurales sont confrontées à un manque d'accès à l'électricité, ce qui limite leur développement économique, social et éducatif. L'électrification rurale est donc essentielle pour améliorer la qualité de vie des populations rurales, en fournissant un accès à l'énergie pour l'éclairage, le chauffage, la cuisson, les communications et les activités productives.

L'électrification des zones rurales présente des défis uniques, notamment l'éloignement des centres urbains, la dispersion de la population, l'absence d'infrastructures électriques existantes et les coûts élevés de déploiement des réseaux électriques traditionnels. Ces défis rendent souvent l'électrification rurale peu rentable pour les entreprises énergétiques traditionnelles, laissant de nombreuses communautés rurales sans accès à l'électricité.

L'hydrogène offre une solution prometteuse pour l'électrification des zones rurales en raison de sa polyvalence, de son efficacité énergétique et de sa propreté. L'hydrogène peut être produit à partir de sources d'énergie renouvelable telles que le solaire, l'éolien et l'hydroélectricité, en utilisant des technologies telles que l'électrolyse de l'eau. Une fois produit, l'hydrogène peut être stocké et distribué sous forme de gaz ou de liquide, puis converti en électricité à la demande à l'aide de piles à combustible ou de générateurs électriques à hydrogène.

L'hydrogène offre plusieurs avantages pour l'électrification des zones rurales. Tout d'abord, il permet d'exploiter les ressources énergétiques renouvelables disponibles localement, ce qui réduit la dépendance aux combustibles fossiles importés et contribue à la sécurité énergétique. De plus, l'hydrogène offre une solution de stockage d'énergie à long terme, ce qui permet de compenser les variations de production des sources d'énergie renouvelable intermittentes telles que le solaire et l'éolien. Enfin, l'hydrogène produit à partir de sources d'énergie renouvelable est neutre en carbone, ce qui contribue à réduire les émissions de gaz à effet de serre et à atténuer le changement climatique.

L'hydrogène peut être utilisé dans une variété d'applications pour l'électrification des zones rurales. Par exemple, il peut alimenter des générateurs électriques à hydrogène pour fournir de l'électricité à des communautés isolées et éloignées. De plus, l'hydrogène peut être utilisé pour alimenter des systèmes de chauffage et de refroidissement à hydrogène pour les bâtiments résidentiels et commerciaux. Enfin, l'hydrogène peut être utilisé pour alimenter des véhicules à hydrogène, ce qui permet de transporter de l'électricité vers les zones rurales éloignées et difficiles d'accès.

Le déploiement de l'hydrogène pour l'électrification des zones rurales nécessite une planification soignée, des investissements stratégiques et des partenariats public-privé. Il est important de développer des infrastructures de production, de stockage et de distribution d'hydrogène adaptées aux besoins spécifiques des zones rurales, en tenant compte des ressources énergétiques disponibles, de la demande locale en électricité et des contraintes logistiques. De plus, il est essentiel de sensibiliser les communautés rurales aux avantages de l'hydrogène pour l'électrification et de les impliquer dans la planification et la mise en œuvre des projets d'électrification.

L'hydrogène offre une solution prometteuse pour l'électrification des zones rurales, en fournissant une source d'énergie propre, durable et polyvalente. En exploitant le potentiel de l'hydrogène, il est possible de garantir un accès à l'électricité pour les populations rurales du monde entier, contribuant ainsi au développement économique, social et environnemental des régions éloignées et isolées.

78 - Les applications de l'hydrogène dans les régions isolées

Les régions isolées, qu'elles soient éloignées géographiquement, difficiles d'accès ou dépourvues d'infrastructures de base, font face à des défis uniques en matière de développement économique, social et environnemental. L'hydrogène, avec ses caractéristiques de polyvalence, de propreté et de durabilité, offre un éventail d'applications innovantes pour répondre aux besoins spécifiques de ces régions isolées.

L'une des principales applications de l'hydrogène dans les régions isolées est son utilisation comme source d'énergie alternative pour répondre aux besoins en électricité et en chaleur. L'hydrogène peut être produit à partir de sources d'énergie renouvelable telles que le solaire, l'éolien et l'hydroélectricité, offrant ainsi une solution durable et décentralisée pour l'approvisionnement en énergie dans les régions isolées. Une fois produit, l'hydrogène peut être stocké et distribué sous forme de gaz ou de liquide, puis converti en électricité à la demande à l'aide de piles à combustible, de générateurs électriques à hydrogène ou de systèmes de cogénération.

L'hydrogène peut également être utilisé comme carburant propre pour les véhicules dans les régions isolées, offrant une alternative aux carburants fossiles polluants et une solution pour réduire les émissions de gaz à effet de serre et la pollution de l'air. Les véhicules à hydrogène, tels que les voitures, les bus, les camions et les bateaux, utilisent des piles à combustible pour convertir l'hydrogène en électricité, produisant ainsi une propulsion propre et silencieuse. Cette technologie peut être particulièrement bénéfique dans les régions isolées où l'accès aux carburants conventionnels est limité ou coûteux.

Dans les régions agricoles isolées, l'hydrogène peut être utilisé dans la production d'engrais, en particulier d'engrais azotés tels que l'ammoniac. L'ammoniac est un composant essentiel des engrais utilisés pour fertiliser les cultures, et il peut être synthétisé à partir d'hydrogène et d'azote atmosphérique par le procédé Haber-Bosch. Cette application de l'hydrogène permet de répondre aux besoins en nutriments des agriculteurs dans les régions isolées, en favorisant la croissance des cultures et en améliorant les rendements agricoles.

L'hydrogène offre une solution efficace et fiable pour le stockage d'énergie dans les régions isolées, permettant de compenser les fluctuations de production des sources d'énergie renouvelable telles que le solaire et l'éolien. L'hydrogène peut être produit lorsque l'électricité est abondante, puis stocké sous forme de gaz ou de liquide pour une utilisation ultérieure lorsque la demande est plus élevée. Cette capacité de stockage à long terme permet de garantir un approvisionnement continu en énergie dans les régions isolées, réduisant ainsi la dépendance aux combustibles fossiles et améliorant la fiabilité du réseau électrique.

L'hydrogène peut également être utilisé dans la production d'eau potable dans les régions isolées en tant que source d'énergie pour le processus de désalinisation de l'eau de mer ou de purification de l'eau contaminée. Par exemple, l'hydrogène peut être utilisé pour alimenter des systèmes de désalinisation par osmose inverse, fournissant ainsi de l'eau potable aux populations vivant dans les régions côtières isolées ou dans les îles éloignées.

Dans les régions isolées où les températures peuvent être extrêmes, l'hydrogène peut être utilisé pour alimenter des systèmes de réfrigération et de climatisation, offrant ainsi un confort thermique aux habitants et aux entreprises locales. Les systèmes de climatisation à hydrogène utilisent des piles à combustible pour convertir l'hydrogène en électricité, produisant ainsi de la chaleur et du froid pour le chauffage et le refroidissement des bâtiments.

L'hydrogène offre une gamme d'applications innovantes pour répondre aux besoins énergétiques, agricoles, de transport, d'eau potable, de stockage d'énergie, de réfrigération et de climatisation dans les régions isolées. En exploitant le potentiel de l'hydrogène, il est possible de promouvoir le développement durable et de créer des communautés résilientes dans les régions les plus éloignées et les plus isolées du monde.

79 - L'hydrogène dans la création artistique

Les projets artistiques impliquant l'hydrogène sont souvent des aventures audacieuses, mêlant créativité artistique et innovation scientifique. Que ce soit dans le domaine de l'art visuel, de la musique, de la performance ou de l'installation, ces projets captivent l'imagination du public et repoussent les limites de ce que l'on pense possible.

Dans les années 2000, l'artiste japonais Yoko Ono a créé une série de sculptures aériennes utilisant de grands ballons d'hydrogène remplis de gaz léger. Ces sculptures flottantes, présentées dans des lieux emblématiques comme le musée Guggenheim de Bilbao, ont captivé les spectateurs par leur beauté éphémère et leur connexion symbolique avec l'espace.

Dans certaines régions du monde, des spectacles de feux d'artifice utilisent de l'hydrogène comme gaz propulseur pour créer des explosions colorées et spectaculaires. Ces performances pyrotechniques uniques offrent une expérience visuelle saisissante tout en mettant en valeur les propriétés réactives de l'hydrogène.

Des musiciens et des artistes sonores expérimentent avec des instruments alimentés par l'hydrogène pour créer des compositions musicales originales. Des instruments tels que les synthétiseurs à hydrogène et les générateurs de tonalités à gaz offrent de nouvelles possibilités sonores et stimulent l'exploration artistique dans le domaine de la musique électronique et expérimentale.

Des artistes contemporains utilisent l'hydrogène comme source d'éclairage pour créer des installations lumineuses interactives qui réagissent aux mouvements et aux interactions du public. Ces œuvres d'art immersives, souvent présentées dans des galeries d'art et des festivals, offrent une expérience sensorielle captivante et invitent les spectateurs à interagir avec leur environnement de manière inédite.

Certains artistes expérimentent avec des techniques de peinture utilisant des pigments à base d'hydrogène pour créer des œuvres d'art visuellement frappantes. Les propriétés uniques de l'hydrogène en tant que gaz léger et inflammable ajoutent une dimension fascinante à ces créations, qui explorent souvent les thèmes de la transformation et de la fluidité.

Des chorégraphes et des danseurs intègrent des effets d'hydrogène dans leurs performances pour créer des expériences multisensorielles uniques. Des éléments tels que les émanations de vapeur d'hydrogène, les effets lumineux et les structures scéniques interactives ajoutent une dimension visuelle et narrative aux spectacles de danse contemporaine.

Des artistes numériques explorent les possibilités de la réalité virtuelle pour créer des expériences immersives sur le thème de l'hydrogène. Ces expériences permettent aux spectateurs d'explorer des paysages imaginaires, de manipuler des objets virtuels et d'interagir avec des environnements générés numériquement, tout en découvrant les concepts scientifiques liés à l'hydrogène.

Des artistes cinétiques conçoivent des installations qui exploitent les mouvements et les propriétés dynamiques de l'hydrogène pour créer des sculptures en mouvement. Ces œuvres d'art cinétiques captivent l'attention du public en offrant des spectacles visuels hypnotiques et en mettant en valeur les aspects changeants et évolutifs de l'hydrogène en tant qu'élément naturel.

80 - L'hydrogène dans l'art culinaire

L'hydrogène dans l'art culinaire représente une fusion intrigante entre la science et la gastronomie, offrant aux chefs et aux cuisiniers des possibilités créatives uniques pour repousser les limites de la cuisine. Que ce soit à travers des techniques de cuisson innovantes, des présentations artistiques ou des expériences sensorielles inédites, l'hydrogène ajoute une dimension fascinante à l'expérience culinaire.

La cuisine moléculaire, popularisée par des chefs pionniers tels que Ferran Adrià et Heston Blumenthal, repose sur l'utilisation de techniques et d'ingrédients novateurs pour transformer les textures, les saveurs et les présentations des plats. L'hydrogène est souvent utilisé dans cette forme de cuisine pour créer des mousses aériennes, des émulsions légères et des gels comestibles, ajoutant une touche de créativité et d'élégance aux assiettes.

L'hydrogène peut être introduit dans les préparations culinaires pour modifier leur texture de manière subtile mais significative. Par exemple, l'infusion d'hydrogène dans des liquides tels que les sauces, les crèmes et les consommés peut les rendre plus légers et plus aérés, créant une sensation en bouche unique et agréable.

Dans le domaine de la mixologie et des boissons, l'hydrogène est parfois utilisé comme agent de carbonatation pour créer des bulles fines et persistantes dans les cocktails et les sodas artisanaux. Cette méthode de carbonatation offre une alternative intéressante aux méthodes traditionnelles et permet aux mixologues de jouer avec les saveurs et les textures.

La cuisson sous vide, qui implique la cuisson des aliments dans des sacs hermétiques à des températures contrôlées, peut être améliorée en utilisant de l'hydrogène comme gaz d'emballage. L'hydrogène a des propriétés uniques qui permettent une meilleure transmission de la chaleur, assurant une cuisson plus uniforme et une préservation optimale des saveurs et des nutriments.

Des équipements de cuisine spécialement conçus pour utiliser l'hydrogène comme source de chaleur ou de cuisson peuvent offrir des avantages en termes d'efficacité énergétique et de contrôle de la température. Par exemple, les fours à hydrogène peuvent permettre une cuisson plus rapide et plus précise, tout en réduisant les émissions de gaz à effet de serre.

Les chefs utilisent parfois de l'hydrogène pour créer des présentations artistiques et spectaculaires qui émerveillent les convives. Par exemple, l'utilisation d'hydrogène pour créer des effets de fumée ou des flammes contrôlées peut ajouter une touche de théâtralité à la dégustation, créant ainsi une expérience culinaire mémorable.

En tant que source d'énergie propre, l'hydrogène peut jouer un rôle important dans la promotion de pratiques culinaires durables. Des cuisines utilisant des équipements alimentés par des piles à combustible à hydrogène ou des systèmes de production d'hydrogène à partir de sources renouvelables peuvent contribuer à réduire l'empreinte environnementale de l'industrie alimentaire.

L'hydrogène peut être utilisé pour créer des arômes et des saveurs uniques dans les plats, en interagissant avec d'autres composants alimentaires pour produire des réactions chimiques intéressantes. Les chefs expérimentaux explorent ces possibilités pour créer des plats surprenants et délicieux qui repoussent les limites de la tradition culinaire.

Enfin, l'hydrogène peut influencer l'expérience sensorielle globale d'un repas, en ajoutant des éléments visuels, olfactifs et gustatifs uniques. Des expériences de dégustation qui intègrent des éléments d'hydrogène peuvent stimuler tous les sens et offrir une expérience culinaire immersive et mémorable.

En dehors de son utilisation directe dans la cuisine, l'hydrogène peut également inspirer les artistes culinaires à créer des œuvres qui explorent les thèmes de la science, de la nature et de l'innovation. Des événements gastronomiques thématiques mettant en vedette des plats et des installations inspirés de l'hydrogène peuvent susciter la curiosité et l'appréciation de ce gaz polyvalent.

81 - L'hydrogène et la recherche pharmaceutique

L'hydrogène, avec ses propriétés uniques et ses multiples applications, joue un rôle croissant dans la recherche pharmaceutique.

L'hydrogène est largement utilisé dans la recherche pharmaceutique pour faciliter les réactions chimiques complexes nécessaires à la synthèse de médicaments et de composés pharmaceutiques. En tant que gaz réducteur, l'hydrogène peut être utilisé pour catalyser des réactions de réduction et d'hydrogénation, ce qui permet de produire des produits chimiques pharmaceutiques de manière efficace et sélective. Par exemple, l'hydrogénation catalytique est utilisée pour réduire les doubles liaisons dans les composés organiques, tandis que l'hydrogénolyse est utilisée pour casser les liaisons carbone-carbone ou carbone-hétéroatome.

L'hydrogène est également utilisé dans la synthèse de nombreux composés pharmaceutiques, y compris les médicaments antidiabétiques, les analgésiques, les antihypertenseurs et les antibiotiques. Par exemple, l'hydrogène peut être utilisé pour réduire les groupes fonctionnels dans les molécules de médicaments, ce qui conduit à la formation de produits pharmaceutiques plus actifs et plus sûrs. De plus, l'hydrogène peut être utilisé comme source d'hydrogène dans des réactions de couplage croisé catalytique, permettant de construire des structures moléculaires complexes à partir de composés de base simples.

L'hydrogène est également utilisé dans la recherche pharmaceutique pour la purification et la stérilisation des produits pharmaceutiques. Par exemple, l'hydrogène peut être utilisé comme gaz porteur dans la chromatographie en phase gazeuse (GC) pour séparer et analyser les composés pharmaceutiques dans les échantillons. De plus, l'hydrogène peut être utilisé dans les processus de stérilisation par oxydation, tels que la décontamination des surfaces et des emballages, assurant ainsi la sécurité et la qualité des produits pharmaceutiques.

L'hydrogène est également utilisé dans la recherche pharmaceutique pour le stockage d'énergie dans les systèmes d'alimentation électrique de secours. Les piles à combustible à hydrogène peuvent convertir l'hydrogène en électricité de manière propre et efficace, offrant ainsi une source d'alimentation de secours fiable pour les équipements de laboratoire et les installations pharmaceutiques. De plus, l'hydrogène peut être utilisé dans les systèmes de refroidissement à hydrogène pour maintenir les températures de stockage des produits pharmaceutiques sensibles.

En dehors du laboratoire pharmaceutique, l'hydrogène présente également des applications médicales potentielles dans le traitement de diverses affections, notamment les maladies inflammatoires, neurodégénératives, cardiovasculaires et métaboliques. Par exemple, des études ont montré que l'hydrogène moléculaire peut avoir des effets anti-inflammatoires, antioxydants et neuroprotecteurs, ce qui en fait un candidat prometteur pour le traitement de maladies telles que la maladie d'Alzheimer, la maladie de Parkinson, l'arthrite rhumatoïde et le diabète.

Enfin, l'hydrogène présente un potentiel pour le transport et la livraison de médicaments dans le corps. Des nanoparticules d'hydrogène peuvent être utilisées comme vecteurs de médicaments pour cibler spécifiquement les cellules cancéreuses ou les tissus inflammatoires, offrant ainsi une méthode plus précise et efficace d'administration de médicaments. De plus, l'hydrogène peut être utilisé comme gaz propulseur dans les aérosols pharmaceutiques pour délivrer des médicaments inhalés aux voies respiratoires.

L'hydrogène joue un rôle crucial dans la recherche pharmaceutique, en facilitant les réactions chimiques, en synthétisant des composés pharmaceutiques, en purifiant et en stérilisant les produits pharmaceutiques, en stockant l'énergie, en offrant des applications médicales et en facilitant le transport et la livraison de médicaments. En exploitant le potentiel de l'hydrogène, il est possible de développer de nouveaux médicaments et traitements plus efficaces, sûrs et ciblés pour répondre aux besoins de santé mondiale.

82 - L'hydrogène et la biotechnologie

L'hydrogène joue un rôle essentiel et prometteur dans le domaine de la biotechnologie, offrant un large éventail d'applications allant de la production d'énergie à la transformation de biomasse en produits chimiques et en médicaments.

L'hydrogène est largement utilisé comme source d'énergie dans la biotechnologie, en particulier dans les systèmes de production d'électricité et de chaleur. Les piles à combustible à hydrogène, par exemple, utilisent une réaction chimique entre l'hydrogène et l'oxygène pour produire de l'électricité, avec de l'eau comme seul sous-produit. Ces piles à combustible peuvent être utilisées pour alimenter des équipements de laboratoire, des installations de fermentation et des systèmes de traitement des eaux, offrant ainsi une source d'énergie propre et efficace pour les applications biotechnologiques.

L'hydrogène est également utilisé dans la biotechnologie pour la production de produits chimiques à partir de biomasse renouvelable. Par exemple, l'hydrogène peut être utilisé comme source d'énergie dans des réactions de conversion de la biomasse en produits chimiques tels que l'éthanol, l'acide lactique et l'hydrogène sulfuré. Ces produits chimiques peuvent ensuite être utilisés dans une variété d'applications, y compris la production de bioplastiques, de produits pharmaceutiques et de biocarburants.

L'hydrogène peut être utilisé comme substrat dans des processus de fermentation anaérobie pour la production de produits chimiques et de biocarburants. Par exemple, l'hydrogène peut être utilisé comme source d'énergie pour les microorganismes dans des bioréacteurs anaérobies, où ils fermentent des substrats tels que le glucose, les déchets agricoles ou les déchets organiques pour produire de l'éthanol, de l'acide acétique, du méthane et d'autres composés chimiques utiles.

L'hydrogène peut être utilisé dans des processus de bioremédiation pour dégrader les contaminants organiques et inorganiques dans l'environnement. Par exemple, l'hydrogène peut être utilisé comme source d'énergie pour les bactéries dénitrifiantes, qui réduisent les nitrates et les nitrites présents dans les eaux souterraines contaminées. De plus, l'hydrogène peut être utilisé comme substrat pour les microorganismes méthanotrophes, qui dégradent le méthane et les hydrocarbures dans les sols et les eaux contaminées.

L'hydrogène présente également un potentiel prometteur dans la production de médicaments et de produits pharmaceutiques. Par exemple, l'hydrogène peut être utilisé comme source d'hydrogène moléculaire pour stabiliser les médicaments sensibles à l'oxydation, tels que les vaccins et les produits biologiques. De plus, l'hydrogène peut être utilisé comme agent réducteur dans la synthèse de composés pharmaceutiques, permettant de produire des produits chimiques de manière efficace et sélective.

Enfin, l'hydrogène peut être utilisé dans des techniques analytiques telles que la chromatographie en phase gazeuse (GC) et la spectrométrie de masse (MS) pour l'analyse des biomolécules. Dans ces techniques, l'hydrogène est utilisé comme gaz porteur pour séparer et transporter les échantillons à travers les colonnes de chromatographie et les détecteurs de masse, offrant ainsi une analyse rapide, sensible et précise des composés biologiques tels que les protéines, les acides aminés et les hormones.

L'hydrogène offre un potentiel considérable pour révolutionner le domaine de la biotechnologie, en fournissant une source d'énergie propre et efficace, en facilitant la production de produits chimiques à partir de biomasse renouvelable, en soutenant des processus de fermentation anaérobie, en facilitant la bioremédiation, en améliorant la production de médicaments et en permettant l'analyse des biomolécules. En exploitant le potentiel de l'hydrogène, il est possible de développer de nouvelles technologies et de nouvelles approches pour répondre aux défis de santé, d'environnement et de développement durable du 21e siècle.

83 - L'hydrogène dans la teinture des vêtements

L'hydrogène joue un rôle important dans l'industrie textile, en particulier dans le processus de teinture des vêtements.

La teinture des vêtements est un processus complexe qui consiste à appliquer des colorants sur des tissus pour leur donner une couleur spécifique. L'hydrogène est largement utilisé dans ce processus pour plusieurs raisons. Tout d'abord, l'hydrogène est utilisé comme agent réducteur dans les bains de teinture pour faciliter la fixation des colorants sur les fibres textiles. En réduisant les colorants, l'hydrogène permet d'obtenir des couleurs vives et durables sur les tissus. De plus, l'hydrogène est utilisé comme gaz porteur dans les machines de teinture pour transporter les colorants liquides à travers les tissus de manière uniforme.

L'utilisation de l'hydrogène dans le processus de teinture présente plusieurs avantages. Tout d'abord, l'hydrogène est un agent réducteur doux et non toxique, ce qui le rend sûr pour une utilisation dans l'industrie textile. De plus, l'hydrogène offre une grande efficacité énergétique, ce qui réduit les coûts de production et les émissions de gaz à effet de serre. Enfin, l'hydrogène permet d'obtenir des couleurs vives et uniformes sur les tissus, ce qui améliore la qualité des produits finis et la satisfaction des clients.

Il existe plusieurs techniques de teinture à l'hydrogène utilisées dans l'industrie textile. La plus courante est la teinture par réduction, où les colorants sont réduits à l'aide d'hydrogène dans des bains de teinture à température élevée. Cette technique permet d'obtenir des couleurs vives et durables sur les tissus naturels tels que le coton, la laine et la soie. Une autre technique courante est la teinture à l'indigo, où l'hydrogène est utilisé pour réduire l'indigo insoluble en colorant soluble, qui est ensuite absorbé par les fibres textiles.

L'utilisation de l'hydrogène dans le processus de teinture présente également des avantages environnementaux. Contrairement à d'autres agents réducteurs tels que le sulfure de sodium, l'hydrogène ne produit pas de sous-produits toxiques ou polluants. De plus, l'hydrogène est un gaz non toxique et non inflammable, ce qui réduit les risques pour la santé des travailleurs de l'industrie textile. Enfin, l'hydrogène est produit à partir de sources d'énergie renouvelable telles que l'énergie solaire et éolienne, ce qui en fait une option respectueuse de l'environnement pour l'industrie de la mode.

Ces dernières années, de nombreuses entreprises textiles ont investi dans des technologies de teinture à l'hydrogène plus durables et respectueuses de l'environnement. Par exemple, certaines entreprises utilisent des colorants à base d'hydrogène solide qui ne nécessitent pas de solvants liquides, réduisant ainsi la consommation d'eau et d'énergie. De plus, certaines entreprises développent des procédés de teinture à froid à base d'hydrogène, qui réduisent la consommation d'énergie et les émissions de gaz à effet de serre associées au processus de teinture.

L'hydrogène présente un potentiel considérable pour transformer l'industrie textile et réduire son impact environnemental. En investissant dans des technologies de teinture à l'hydrogène plus durables et respectueuses de l'environnement, l'industrie de la mode peut contribuer à la réduction des émissions de gaz à effet de serre, à la préservation des ressources en eau et à l'amélioration de la qualité de l'air. En outre, l'utilisation de l'hydrogène peut aider l'industrie textile à répondre aux exigences croissantes en matière de durabilité et de responsabilité sociale des entreprises.

L'hydrogène joue un rôle essentiel dans l'industrie textile, en particulier dans le processus de teinture des vêtements. En tant qu'agent réducteur sûr et efficace, l'hydrogène permet d'obtenir des couleurs vives et durables sur les tissus, tout en réduisant l'impact environnemental de l'industrie de la mode. En investissant dans des technologies de teinture à l'hydrogène plus durables et respectueuses de l'environnement, l'industrie textile peut contribuer à la transition vers une économie plus verte et plus durable.

84 - L'hydrogène dans la fabrication de textiles

L'hydrogène est de plus en plus pris en compte dans la production textile, offrant des avantages notables en matière de fabrication écologique, d'efficacité énergétique et de réduction des émissions de CO_2.

L'hydrogène est largement impliqué dans la création de tissus synthétiques tels que le polyester, le nylon et le polypropylène. Ces tissus sont élaborés à partir de polymères dérivés de produits pétroliers, et l'hydrogène est utilisé comme gaz réactif dans les processus de polymérisation. Par exemple, dans la conception du polyester, l'hydrogène intervient pour réduire les groupes fonctionnels des monomères, ce qui favorise la formation de longues chaînes polymères solides.

L'hydrogène est également utilisé dans la production de fibres naturelles telles que la viscose, le modal et le lyocell. Ces fibres sont fabriquées à partir de cellulose extraite de matières premières naturelles comme le bois et le coton. L'hydrogène est impliqué dans le blanchiment de la cellulose pour éliminer les impuretés et les colorants naturels. Il est également utilisé comme agent réducteur lors des modifications chimiques de la cellulose pour améliorer les propriétés des fibres.

L'hydrogène est largement employé pour le blanchiment et la coloration des textiles. Pour le blanchiment, il élimine les teintures indésirables, laissant les tissus blancs et lumineux. En tant qu'agent réducteur, il facilite l'attachement des colorants aux fibres textiles, assurant des couleurs éclatantes et durables.

Dans le nettoyage et la finition des textiles, l'hydrogène est utilisé pour éliminer les résidus de teinture, les impuretés et les produits chimiques. Les textiles sont traités avec de l'eau et de l'hydrogène sous haute pression pour améliorer la qualité des produits finis. Il est également utilisé comme agent réducteur dans les procédés de finition pour améliorer les propriétés des tissus, comme leur douceur et leur résistance aux plis.

L'hydrogène présente de nombreux avantages dans l'industrie textile. Il est sûr, propre et respectueux de l'environnement, réduisant ainsi les émissions de CO_2 et les déchets toxiques. De plus, il est très efficace sur le plan énergétique, réduisant les coûts de production et l'empreinte carbone de l'industrie.

De nos jours, de nombreuses entreprises textiles investissent dans des technologies plus durables et respectueuses de l'environnement. Certaines utilisent des procédés de blanchiment à l'hydrogène solide, réduisant ainsi la consommation d'eau et d'énergie. D'autres développent des procédés de coloration à froid à base d'hydrogène, diminuant la consommation d'énergie et les émissions de CO_2.

L'hydrogène joue un rôle essentiel dans l'industrie textile, de la fabrication des tissus synthétiques et naturels au blanchiment et à la coloration des textiles, en passant par le nettoyage et la finition. En exploitant son potentiel, l'industrie textile peut réduire son empreinte carbone, améliorer sa durabilité et contribuer à la transition vers une production plus écologique.

85 - Utilisations de l'hydrogène dans la construction

L'hydrogène est de plus en plus envisagé comme une ressource prometteuse dans l'industrie de la construction, offrant des solutions novatrices pour répondre aux défis de durabilité, d'efficacité énergétique et de réduction des émissions de carbone.

L'hydrogène peut être utilisé comme source d'énergie alternative pour le chauffage et la climatisation des bâtiments. Les systèmes de chauffage et de climatisation à l'hydrogène peuvent utiliser des chaudières à hydrogène pour produire de la chaleur ou des pompes à chaleur alimentées à l'hydrogène pour fournir de l'air conditionné. Ces systèmes offrent une alternative propre et efficace aux combustibles fossiles traditionnels, réduisant ainsi les émissions de CO_2 et améliorant la qualité de l'air intérieur.

L'hydrogène peut être utilisé dans la production de matériaux de construction durables et écologiques. Par exemple, l'hydrogène peut être utilisé comme agent de réduction dans la production de ciment, réduisant ainsi les émissions de CO_2 associées à la calcination du calcaire. De plus, l'hydrogène peut être utilisé comme source d'énergie pour la production de matériaux de construction à base de biomasse, tels que les panneaux de bois et les briques de chanvre, offrant ainsi des alternatives durables aux matériaux de construction traditionnels.

L'hydrogène peut être utilisé comme vecteur d'énergie pour le stockage à grande échelle dans l'industrie de la construction. Par exemple, l'hydrogène peut être produit à partir d'énergies renouvelables telles que l'énergie solaire et éolienne pendant les périodes de surproduction et stocké pour une utilisation ultérieure dans les périodes de demande accrue. Le stockage d'hydrogène permet de lisser la production d'énergie renouvelable intermittente et de garantir un approvisionnement stable en électricité pour les bâtiments et les infrastructures.

L'hydrogène peut être utilisé comme source d'énergie pour alimenter les équipements de construction, tels que les véhicules de chantier et les générateurs. Les véhicules de construction à hydrogène, tels que les pelleteuses, les chariots élévateurs et les camions de livraison, offrent une alternative propre et silencieuse aux véhicules diesel, réduisant ainsi les émissions de gaz à effet de serre et améliorant les conditions de travail sur les chantiers.

L'hydrogène peut être utilisé dans la fabrication de matériaux d'isolation et d'étanchéité pour les bâtiments. Par exemple, l'hydrogène peut être utilisé comme agent de gonflement dans la production de mousses isolantes, offrant ainsi une isolation thermique efficace pour réduire les besoins en chauffage et en climatisation des bâtiments. De plus, l'hydrogène peut être utilisé comme agent de liaison dans les mastics et les adhésifs, assurant une étanchéité durable des joints et des fissures dans les structures.

L'utilisation de l'hydrogène dans l'industrie de la construction présente plusieurs avantages. Tout d'abord, l'hydrogène est une source d'énergie propre et renouvelable, réduisant ainsi les émissions de carbone et la dépendance aux combustibles fossiles. De plus, l'hydrogène offre une grande flexibilité et une grande polyvalence dans son utilisation, pouvant être utilisé pour une variété d'applications dans la construction. En outre, l'hydrogène offre des solutions de stockage d'énergie efficaces pour répondre aux besoins croissants en énergie dans l'industrie de la construction.

L'hydrogène offre un potentiel considérable pour transformer l'industrie de la construction et promouvoir la durabilité dans la conception, la construction et l'exploitation des bâtiments. En investissant dans des technologies et des infrastructures à base d'hydrogène, l'industrie de la construction peut contribuer à atteindre les objectifs de réduction des émissions de CO_2 et à promouvoir une économie basée sur les énergies renouvelables. En outre, l'adoption généralisée de l'hydrogène dans l'industrie de la construction peut stimuler l'innovation, créer des emplois et renforcer la compétitivité sur le marché mondial.

L'hydrogène offre de nombreuses possibilités pour révolutionner l'industrie de la construction et promouvoir la durabilité dans tous les aspects de la conception, de la construction et de l'exploitation des bâtiments. En exploitant son potentiel, l'industrie de la construction peut contribuer de manière significative à la lutte contre le changement climatique et à la création d'un avenir plus durable et plus résilient.

86 - L'hydrogène dans la production d'hydrocarbures

L'hydrogène est un élément clé dans la production d'hydrocarbures, car il intervient dans plusieurs processus industriels essentiels.

L'hydrogénation est un processus chimique dans lequel des atomes d'hydrogène sont ajoutés à des molécules d'hydrocarbures pour produire des produits finis de meilleure qualité. Par exemple, l'hydrogénation est utilisée dans le raffinage du pétrole pour transformer les fractions lourdes du pétrole brut en produits pétroliers légers tels que l'essence et le diesel. Ce processus permet d'améliorer la qualité et les propriétés des produits pétroliers, tout en réduisant la teneur en soufre et en azote, ce qui contribue à réduire les émissions polluantes lors de leur combustion.

L'hydrotraitement est un processus de raffinage du pétrole dans lequel des fractions pétrolières telles que le naphta, le gazole et le fioul lourd sont traitées avec de l'hydrogène sous haute pression et à haute température en présence de catalyseurs. Ce processus vise à éliminer les impuretés telles que le soufre, l'azote et les métaux lourds des fractions pétrolières, ce qui améliore leur qualité et leur valeur marchande. De plus, l'hydrotraitement permet de produire des carburants à faible teneur en soufre, conformément aux normes environnementales plus strictes.

L'hydrogène est également utilisé dans la désulfuration du gaz naturel pour éliminer les impuretés telles que le sulfure d'hydrogène (H_2S) et le dioxyde de soufre (SO_2). Ces impuretés sont corrosives et toxiques, et leur présence dans le gaz naturel peut endommager les équipements de production et les infrastructures de transport. En utilisant de l'hydrogène comme agent réducteur, la désulfuration permet de convertir les composés soufrés en sulfure d'hydrogène, qui est ensuite éliminé par absorption ou réaction catalytique.

L'hydrogène est un ingrédient essentiel dans la synthèse de l'ammoniac, qui est utilisé comme matière première dans la production d'engrais et de produits chimiques. Le processus de synthèse de l'ammoniac, connu sous le nom de procédé Haber-Bosch, consiste à combiner de l'hydrogène et de l'azote sous haute pression et à haute température en présence de catalyseurs. L'ammoniac ainsi produit est ensuite transformé en urée, en ammoniac liquide ou en solutions d'ammoniac utilisées dans diverses applications industrielles et agricoles.

L'hydrocraquage est un processus de conversion des fractions pétrolières lourdes en produits pétroliers plus légers tels que l'essence et le diesel. Ce processus implique la rupture des liaisons moléculaires des hydrocarbures lourds à haute température et en présence de catalyseurs et d'hydrogène. L'hydrogène agit comme un agent de réduction, aidant à briser les molécules d'hydrocarbures lourds en fragments plus légers et plus désirables. L'hydrocraquage est largement utilisé dans l'industrie pétrochimique pour maximiser le rendement en produits légers à partir de fractions pétrolières lourdes.

L'utilisation de l'hydrogène dans la production d'hydrocarbures présente plusieurs avantages. Tout d'abord, l'hydrogène est un agent de conversion propre et efficace, réduisant ainsi les émissions de gaz à effet de serre et les polluants atmosphériques. De plus, l'hydrogène améliore la qualité des produits pétroliers en réduisant leur teneur en soufre et en azote, ce qui les rend plus respectueux de l'environnement et conformes aux normes réglementaires. En outre, l'hydrogène est largement disponible à partir de sources diverses telles que le gaz naturel, l'eau et les énergies renouvelables, assurant ainsi un approvisionnement stable et durable pour l'industrie pétrochimique.

L'hydrogène jouera un rôle de plus en plus important dans la production d'hydrocarbures à mesure que l'industrie pétrochimique évolue vers des processus plus durables et respectueux de l'environnement. En investissant dans des technologies et des infrastructures à base d'hydrogène, l'industrie pétrochimique peut réduire son empreinte carbone, améliorer son efficacité opérationnelle et renforcer sa compétitivité sur le marché mondial. En outre, l'adoption généralisée de l'hydrogène dans la production d'hydrocarbures peut contribuer à la transition vers une économie basée sur les énergies propres et renouvelables, tout en garantissant un approvisionnement fiable en produits pétroliers pour répondre à la demande mondiale croissante.

87 - Les avantages de l'hydrogène dans l'industrie pétrolière

L'hydrogène offre de nombreux avantages lorsqu'il est utilisé dans l'industrie pétrolière, contribuant à améliorer l'efficacité, la durabilité et la rentabilité des opérations pétrolières.

L'un des principaux avantages de l'hydrogène dans l'industrie pétrolière est sa capacité à réduire les émissions de gaz à effet de serre. L'hydrogène peut être utilisé comme source d'énergie propre dans les processus de raffinage du pétrole et de production de produits pétroliers, remplaçant ainsi les combustibles fossiles traditionnels. En utilisant de l'hydrogène comme combustible propre, les opérations pétrolières peuvent réduire significativement leurs émissions de CO_2 et contribuer à lutter contre le changement climatique.

L'hydrogène peut également améliorer l'efficacité énergétique des opérations pétrolières. Par exemple, l'hydrogénation est un processus utilisé dans le raffinage du pétrole pour transformer les fractions lourdes du pétrole brut en produits pétroliers légers. En utilisant de l'hydrogène comme agent de conversion, les raffineries peuvent augmenter leur rendement et produire une plus grande quantité de produits pétroliers de haute qualité à partir de la même quantité de matière première.

L'hydrogène peut contribuer à réduire les coûts opérationnels dans l'industrie pétrolière. Par exemple, l'hydrogénation permet de produire des carburants à faible teneur en soufre, conformément aux normes environnementales plus strictes, ce qui évite des coûts supplémentaires de traitement des émissions polluantes.

De plus, l'utilisation de l'hydrogène comme source d'énergie propre peut réduire les coûts de conformité réglementaire et les risques liés aux amendes et aux sanctions pour non-respect des normes environnementales.

L'hydrogène offre une alternative propre et durable aux combustibles fossiles traditionnels dans l'industrie pétrolière. En investissant dans des technologies à base d'hydrogène, les entreprises pétrolières peuvent diversifier leurs sources d'énergie et réduire leur dépendance aux combustibles fossiles. Cela leur permet de s'adapter aux changements du marché de l'énergie et de se positionner comme des leaders dans la transition vers une économie basée sur les énergies propres et renouvelables.

L'adoption de l'hydrogène dans l'industrie pétrolière stimule l'innovation et la recherche dans le domaine des technologies propres et durables. Les entreprises pétrolières investissent dans des projets de recherche et développement visant à améliorer les technologies de production, de stockage et d'utilisation de l'hydrogène. Cela favorise la création de nouveaux emplois hautement qualifiés, renforce la compétitivité de l'industrie et contribue à la croissance économique.

L'adoption de l'hydrogène dans l'industrie pétrolière permet aux entreprises de renforcer leur image de marque et leur réputation en tant qu'acteurs responsables sur le plan environnemental et social. En montrant leur engagement envers la durabilité et l'innovation, les entreprises pétrolières peuvent attirer les investisseurs, les clients et les talents les plus talentueux, renforçant ainsi leur position sur le marché mondial.

L'hydrogène offre de nombreux avantages dans l'industrie pétrolière, allant de la réduction des émissions de gaz à effet de serre à l'amélioration de l'efficacité énergétique, en passant par la réduction des coûts opérationnels et la promotion de l'innovation. En investissant dans des technologies à base d'hydrogène et en adoptant des pratiques durables, les entreprises pétrolières peuvent jouer un rôle important dans la transition vers une économie plus propre et plus durable, tout en assurant leur compétitivité et leur croissance à long terme.

88 - Utilisations de l'hydrogène dans l'extraction minière

L'hydrogène présente un potentiel significatif dans l'industrie minière, offrant des solutions innovantes pour répondre aux défis environnementaux, énergétiques et opérationnels rencontrés dans l'extraction de minéraux.

L'une des applications les plus prometteuses de l'hydrogène dans l'industrie minière est son utilisation comme source d'énergie pour les véhicules et équipements miniers. Les camions, pelles, foreuses et autres équipements lourds utilisés dans les mines fonctionnent souvent avec des moteurs diesel, émettant ainsi des gaz polluants et contribuant aux émissions de gaz à effet de serre. En remplaçant les moteurs diesel par des piles à combustible à hydrogène ou des moteurs à hydrogène, les opérations minières peuvent réduire leurs émissions de CO_2 et améliorer la qualité de l'air dans les zones minières.

Les mines situées dans des régions éloignées ou isolées sont souvent confrontées à des défis d'approvisionnement en électricité et de gestion de l'énergie. L'hydrogène peut être utilisé comme vecteur d'énergie pour le stockage à grande échelle dans ces installations minières. Par exemple, l'hydrogène produit à partir d'énergies renouvelables telles que l'énergie solaire et éolienne peut être stocké sous forme de gaz comprimé ou liquéfié et utilisé comme source d'énergie pour alimenter les équipements et les infrastructures minières lorsque l'électricité est indisponible ou coûteuse.

L'industrie minière est souvent associée à des émissions importantes de gaz à effet de serre, principalement en raison de l'utilisation de véhicules et d'équipements fonctionnant aux combustibles fossiles. L'adoption de l'hydrogène comme source d'énergie propre peut contribuer à réduire ces émissions de manière significative. En utilisant des technologies à base d'hydrogène, telles que les piles à combustible et les moteurs à hydrogène, les mines peuvent réduire leurs émissions de CO_2 et leur empreinte carbone, contribuant ainsi à atténuer le changement climatique et à préserver l'environnement.

L'utilisation de l'hydrogène dans l'industrie minière peut également améliorer la sécurité et la santé des travailleurs. Les moteurs à hydrogène produisent peu ou pas d'émissions polluantes et sont plus silencieux que les moteurs diesel, réduisant ainsi les risques d'exposition aux gaz toxiques et de pollution sonore pour les travailleurs. De plus, en réduisant les émissions de CO_2 et en améliorant la qualité de l'air dans les mines, l'hydrogène contribue à créer des environnements de travail plus sûrs et plus sains pour les mineurs.

L'utilisation de l'hydrogène dans l'industrie minière peut également permettre de réduire les coûts opérationnels. Bien que les technologies à base d'hydrogène nécessitent des investissements initiaux plus importants, elles peuvent offrir des économies à long terme en réduisant les coûts de carburant, de maintenance et de conformité réglementaire. De plus, en utilisant des sources d'énergie renouvelables pour produire de l'hydrogène, les mines peuvent réduire leur dépendance aux combustibles fossiles et atténuer les risques associés à la volatilité des prix du pétrole.

L'adoption de l'hydrogène dans l'industrie minière stimule l'innovation et la recherche dans le développement de nouvelles technologies et applications. Les entreprises minières investissent dans des projets de recherche et développement visant à améliorer l'efficacité, la sécurité et la durabilité des opérations minières à l'aide de l'hydrogène. Cela favorise la création de nouveaux emplois hautement qualifiés, renforce la compétitivité de l'industrie minière et contribue à la croissance économique.

L'hydrogène offre de nombreuses possibilités pour transformer l'industrie minière et promouvoir la durabilité dans tous les aspects de l'extraction de minéraux. En investissant dans des technologies à base d'hydrogène et en adoptant des pratiques durables, les entreprises minières peuvent réduire leur impact environnemental, améliorer la sécurité et la santé des travailleurs, réduire leurs coûts opérationnels et stimuler l'innovation et la croissance économique.

89 - L'hydrogène dans la production de métaux

L'hydrogène joue un rôle essentiel dans la production de métaux, offrant des solutions innovantes pour répondre aux défis environnementaux, énergétiques et opérationnels rencontrés dans cette industrie cruciale.

L'hydrogène est largement utilisé dans la réduction du minerai de fer pour la production de fonte et d'acier. Le processus de réduction directe du minerai de fer utilise de l'hydrogène comme agent réducteur pour réduire l'oxyde de fer en métal ferreux. Cette méthode présente plusieurs avantages par rapport aux procédés conventionnels, notamment une réduction significative des émissions de CO_2 et une meilleure efficacité énergétique. De plus, l'utilisation de l'hydrogène comme réducteur permet de produire de l'acier de haute qualité avec une teneur en impuretés réduite.

L'hydrogène est également utilisé dans le processus de frittage des métaux, qui consiste à compacter et à consolider des poudres métalliques en une pièce solide à haute température. Dans le processus de frittage sous atmosphère d'hydrogène, l'hydrogène agit comme un agent de décarburation, éliminant les contaminants tels que le carbone des poudres métalliques. Cela permet de produire des pièces métalliques de haute qualité avec une densité élevée et des propriétés mécaniques supérieures.

L'hydrogène est également utilisé dans l'affinage des métaux pour éliminer les impuretés et améliorer la pureté des métaux précieux tels que l'or, l'argent et le platine. Dans le processus d'affinage sous atmosphère d'hydrogène, les métaux précieux sont dissous dans une solution acide contenant de l'hydrogène, puis précipités sous forme de métaux purs à l'aide de réactifs chimiques. Cette méthode permet d'obtenir des métaux de haute pureté pour des applications industrielles et commerciales exigeantes.

L'hydrogène est également utilisé dans la production de métal pur par électrolyse, notamment dans la production d'aluminium, de magnésium et de sodium. Dans ce processus, des électrolytes fondus contenant des ions métalliques sont soumis à un courant électrique, ce qui provoque la réduction des ions métalliques en métal pur à l'électrode négative. L'hydrogène est produit à l'électrode positive, tandis que le métal pur est collecté à l'électrode négative. Ce processus permet de produire des métaux de haute pureté avec une efficacité énergétique élevée.

L'utilisation de l'hydrogène dans la production de métaux offre plusieurs avantages environnementaux significatifs. Tout d'abord, l'utilisation de l'hydrogène comme agent réducteur dans la réduction du minerai de fer réduit considérablement les émissions de CO_2 par rapport aux procédés conventionnels à base de charbon. De plus, l'hydrogène peut être produit à partir de sources d'énergie renouvelables, telles que l'énergie solaire et éolienne, ce qui permet de réduire davantage l'empreinte carbone de la production de métaux.

L'utilisation de l'hydrogène dans la production de métaux peut également améliorer l'efficacité énergétique des processus métallurgiques. Par exemple, la réduction directe du minerai de fer à l'hydrogène nécessite moins d'énergie que les procédés conventionnels à base de charbon, ce qui réduit les coûts de production et les émissions de gaz à effet de serre. De plus, l'hydrogène peut être stocké et utilisé comme source d'énergie renouvelable pour alimenter les processus métallurgiques, réduisant ainsi la dépendance aux combustibles fossiles et atténuant les risques associés à la volatilité des prix du pétrole.

L'hydrogène joue un rôle essentiel dans la production de métaux, offrant des solutions innovantes pour répondre aux défis environnementaux, énergétiques et opérationnels rencontrés dans cette industrie cruciale. En investissant dans des technologies à base d'hydrogène et en adoptant des pratiques durables, l'industrie métallurgique peut réduire son empreinte carbone, améliorer son efficacité énergétique et renforcer sa compétitivité sur le marché mondial.

90 - Utilisations de l'hydrogène dans l'industrie électronique

L'hydrogène est de plus en plus reconnu comme une ressource précieuse dans l'industrie électronique, offrant des possibilités innovantes pour répondre aux défis et aux exigences croissantes de ce secteur dynamique.

L'hydrogène est largement utilisé dans l'industrie électronique pour le nettoyage des substrats et des composants électroniques. En tant que gaz inerte et non corrosif, l'hydrogène est idéal pour éliminer les contaminants organiques et inorganiques des surfaces délicates des puces, des circuits imprimés et d'autres composants électroniques. Les procédés de nettoyage à l'hydrogène permettent d'obtenir des surfaces ultra-propres essentielles pour garantir le bon fonctionnement et la fiabilité des dispositifs électroniques.

L'hydrogène est également utilisé dans les processus de dépôt de films minces dans l'industrie électronique. Par exemple, dans le dépôt chimique en phase vapeur assisté par plasma (PECVD), l'hydrogène est utilisé comme gaz de dilution pour réduire les températures de dépôt et améliorer les propriétés des films minces déposés, tels que la conductivité électrique, la transparence et la stabilité chimique. De plus, l'hydrogène peut être utilisé comme agent de réduction dans les processus de dépôt de films de métaux, tels que le dépôt de silicium amorphe par LPCVD, pour réduire les impuretés et améliorer la qualité des films.

L'hydrogène joue un rôle crucial dans la fabrication de semi-conducteurs, qui sont les éléments de base des dispositifs électroniques modernes. Par exemple, dans le processus de dopage ionique des semi-conducteurs, l'hydrogène est utilisé comme gaz d'activation pour introduire des impuretés de type p ou n dans les substrats de silicium, permettant ainsi de contrôler les propriétés électriques des dispositifs semi-conducteurs. De plus, l'hydrogène est également utilisé comme gaz porteur dans les réacteurs de croissance épitaxiale pour la production de couches de semi-conducteurs à haute pureté et à haute qualité cristalline.

L'hydrogène est également utilisé dans les processus de gravure et de nettoyage à sec dans l'industrie électronique. Par exemple, dans le plasma à l'oxygène enrichi en hydrogène, l'hydrogène est utilisé comme gaz de dilution pour améliorer la sélectivité et la vitesse de gravure des matériaux semi-conducteurs et diélectriques. De plus, l'hydrogène peut être utilisé comme gaz réactif dans les procédés de nettoyage à sec pour éliminer les dépôts organiques et inorganiques des surfaces des dispositifs électroniques sans endommager les substrats.

L'hydrogène est également utilisé dans la fabrication de cellules solaires photovoltaïques, qui convertissent la lumière solaire en électricité. Par exemple, dans le processus de dopage des couches de silicium amorphe des cellules solaires à couches minces, l'hydrogène est utilisé comme gaz de dilution pour introduire des impuretés de type p ou n dans les couches de silicium, permettant ainsi de contrôler les propriétés électriques des cellules solaires. De plus, l'hydrogène peut être utilisé comme gaz réactif dans les processus de passivation des surfaces des cellules solaires pour améliorer leur rendement et leur stabilité à long terme.

L'utilisation de l'hydrogène dans l'industrie électronique offre plusieurs avantages environnementaux et économiques significatifs. Tout d'abord, l'hydrogène est un gaz propre et respectueux de l'environnement qui ne produit pas de polluants atmosphériques lorsqu'il est utilisé dans les processus de fabrication électronique. De plus, l'hydrogène peut être produit à partir de sources d'énergie renouvelables telles que l'énergie solaire et éolienne, ce qui permet de réduire l'empreinte carbone de l'industrie électronique et de promouvoir la durabilité. En outre, l'utilisation de l'hydrogène peut permettre de réduire les coûts de production et d'améliorer l'efficacité des processus de fabrication électronique, contribuant ainsi à renforcer la compétitivité de l'industrie sur le marché mondial.

L'hydrogène offre de nombreuses possibilités d'innovation et de progrès dans l'industrie électronique, en fournissant des solutions propres, efficaces et durables pour répondre aux défis et aux exigences croissantes de ce secteur vital. En investissant dans des technologies à base d'hydrogène et en adoptant des pratiques durables, l'industrie électronique peut réduire son empreinte carbone, améliorer son efficacité énergétique et renforcer sa compétitivité sur le marché mondial, tout en contribuant à préserver l'environnement et à promouvoir un avenir plus durable.

91 - L'empreinte carbone de la production d'hydrogène

La production d'hydrogène est au cœur de nombreuses discussions sur la transition énergétique vers une économie plus propre et plus durable. Cependant, l'empreinte carbone associée à la production d'hydrogène est une préoccupation majeure, en particulier lorsque l'hydrogène est produit à partir de sources d'énergie non renouvelables telles que le gaz naturel.

L'empreinte carbone de la production d'hydrogène varie selon la méthode de production utilisée. Le reformage du méthane, qui est actuellement la méthode la plus courante, est également la plus émettrice de CO_2. En moyenne, environ 9 à 12 kilogrammes de CO_2 sont émis pour chaque kilogramme d'hydrogène produit par reformage du méthane. Les autres méthodes de production, telles que la gazéification de la biomasse et l'électrolyse de l'eau, ont une empreinte carbone différente en fonction de leur processus et de leur source d'énergie.

Malgré les défis liés à l'empreinte carbone, il existe plusieurs stratégies pour réduire les émissions de CO_2 associées à la production d'hydrogène :

- Utilisation de sources d'énergie renouvelables : La transition vers des sources d'énergie renouvelables telles que l'énergie solaire et éolienne pour alimenter l'électrolyse de l'eau peut réduire considérablement l'empreinte carbone de la production d'hydrogène. Lorsque l'hydrogène est produit à partir d'énergies renouvelables, son empreinte carbone peut être proche de zéro.

- Captage et stockage du CO_2 (CSC) : Pour les installations de reformage du méthane, la capture et le stockage du CO_2

peuvent être utilisés pour réduire les émissions de CO2 dans l'atmosphère. Cependant, cette technologie nécessite des investissements importants et n'est pas encore largement déployée.

- Utilisation de biomasse durable : La gazéification de la biomasse peut être une option plus respectueuse de l'environnement que le reformage du méthane si elle utilise des sources de biomasse durables et certifiées. Cela peut contribuer à réduire l'empreinte carbone de la production d'hydrogène.

- Améliorations de l'efficacité énergétique : Des améliorations de l'efficacité énergétique des processus de production d'hydrogène peuvent également contribuer à réduire l'empreinte carbone globale en réduisant la consommation d'énergie et les émissions associées.

Lors de l'évaluation de l'empreinte carbone de la production d'hydrogène, il est essentiel de prendre en compte l'ensemble du cycle de vie, y compris les émissions directes et indirectes associées à la production, à la distribution et à l'utilisation de l'hydrogène. Cela permet d'avoir une vision holistique des impacts environnementaux de l'hydrogène et de guider les décisions vers des solutions plus durables.

Bien que l'empreinte carbone de la production d'hydrogène soit une préoccupation majeure, il existe des moyens de la réduire grâce à l'utilisation de sources d'énergie renouvelables, au CSC, à l'utilisation de biomasse durable et à l'amélioration de l'efficacité énergétique. En investissant dans des technologies propres et durables et en adoptant des pratiques responsables, nous pouvons minimiser les impacts environnementaux de la production d'hydrogène et contribuer à une transition vers une économie plus propre et plus durable.

92 - Peut-on utiliser l'hydrogène de l'espace

L'idée d'utiliser l'hydrogène de l'espace comme source d'énergie ou de carburant a suscité l'intérêt de nombreux chercheurs et scientifiques en raison de son potentiel considérable.

L'hydrogène de l'espace peut être extrait de plusieurs sources, notamment les planètes géantes gazeuses telles que Jupiter et Saturne, les atmosphères des planètes, les comètes et les astéroïdes riches en glace. Ces sources contiennent d'importantes quantités d'hydrogène sous forme de gaz ou de composés chimiques, qui pourraient potentiellement être exploités pour diverses applications sur Terre ou dans l'espace.

L'extraction de l'hydrogène de l'espace présente des défis techniques considérables en raison des conditions extrêmes rencontrées dans l'espace et sur les planètes. Cependant, plusieurs méthodes ont été proposées, notamment l'utilisation de sondes spatiales équipées de technologies de capture et de conversion de l'hydrogène, ainsi que l'exploitation minière sur des astéroïdes ou des comètes riches en glace.

L'hydrogène extrait de l'espace pourrait être utilisé pour une variété d'applications sur Terre et dans l'espace. Par exemple, il pourrait servir de carburant pour les fusées spatiales, de source d'énergie pour les colonies spatiales ou les missions interplanétaires, ou même de matière première pour la production de produits chimiques ou de carburants synthétiques sur Terre.

Malgré son potentiel, l'utilisation de l'hydrogène de l'espace pose plusieurs défis techniques importants. Ces défis comprennent l'extraction et le stockage de l'hydrogène dans des conditions extrêmes, le transport et la livraison de l'hydrogène sur Terre ou dans l'espace, ainsi que le développement de technologies efficaces et sûres pour son utilisation dans diverses applications.

L'utilisation de l'hydrogène de l'espace pourrait offrir plusieurs avantages, notamment une source d'énergie propre et renouvelable, une réduction de la dépendance aux combustibles fossiles, et une exploration et une colonisation spatiales accrues. De plus, l'exploitation des ressources spatiales pourrait contribuer à l'essor de l'industrie spatiale et à la création de nouvelles opportunités économiques.

Malgré ses avantages potentiels, l'utilisation de l'hydrogène de l'espace soulève des questions éthiques et environnementales importantes. Par exemple, l'exploitation minière des astéroïdes ou des comètes pourrait avoir des impacts environnementaux et écologiques sur les corps célestes, tandis que la commercialisation de l'hydrogène de l'espace pourrait soulever des questions de propriété et de partage des ressources dans l'espace.

L'utilisation de l'hydrogène de l'espace représente un domaine de recherche prometteur avec un potentiel considérable pour l'avenir de l'exploration spatiale et de l'énergie renouvelable. Cependant, sa mise en œuvre nécessitera des avancées technologiques significatives, ainsi qu'une réflexion approfondie sur les implications éthiques, environnementales et sociales de son exploitation.

93 - Les défis de l'hydrogène bleu

L'hydrogène bleu est un concept qui suscite beaucoup d'intérêt dans le domaine de l'énergie en raison de son potentiel à réduire les émissions de gaz à effet de serre. Cependant, malgré ses avantages perçus, il existe plusieurs défis à relever pour rendre cette technologie pleinement viable et durable.

L'un des principaux défis de l'hydrogène bleu réside dans le coût élevé de la capture et du stockage du CO_2 (CSC). La production d'hydrogène bleu implique la conversion de combustibles fossiles, tels que le gaz naturel, en hydrogène, avec la capture et le stockage du CO_2 résultant pour éviter les émissions dans l'atmosphère. Cette étape de CSC peut représenter une part importante des coûts de production d'hydrogène bleu et doit être rendue plus économique pour favoriser son adoption à grande échelle.

Un autre défi majeur est la disponibilité des sites de stockage du CO_2 adéquats. Pour que l'hydrogène bleu soit une solution viable, il est essentiel de disposer de sites de stockage géologique sécurisés et accessibles où le CO_2 capturé peut être stocké de manière permanente. Cependant, l'identification et le développement de ces sites peuvent être coûteux et nécessitent une réglementation adéquate pour assurer la sécurité et la viabilité à long terme.

L'intégration de l'hydrogène bleu dans les infrastructures énergétiques existantes est un défi important. Les réseaux de gaz naturel doivent être adaptés pour transporter l'hydrogène, ce qui peut nécessiter des investissements importants dans les pipelines et les infrastructures de distribution. De plus, la compatibilité des équipements et des technologies avec l'hydrogène doit être évaluée pour assurer un fonctionnement sûr et efficace.

Bien que l'hydrogène bleu puisse réduire les émissions de CO2 par rapport aux combustibles fossiles conventionnels, il reste des préoccupations quant à sa durabilité environnementale. L'utilisation continue de combustibles fossiles pour produire de l'hydrogène peut entraîner une dépendance persistante à ces ressources non renouvelables, ce qui contredit les objectifs de transition vers une économie bas carbone. De plus, des préoccupations subsistent quant aux fuites de CO2 potentielles des sites de stockage et à leur impact sur l'environnement local.

Un autre défi pour l'hydrogène bleu est la concurrence croissante avec l'hydrogène vert, produit à partir de sources d'énergie renouvelables telles que l'énergie solaire et éolienne. Alors que l'hydrogène vert est souvent considéré comme plus respectueux de l'environnement, son coût de production peut être plus élevé que celui de l'hydrogène bleu. Par conséquent, il est essentiel de trouver un équilibre entre les deux approches pour répondre aux besoins énergétiques tout en minimisant les émissions de carbone.

Enfin, l'acceptation sociale et politique de l'hydrogène bleu est un défi important. Les communautés locales et les décideurs politiques doivent être convaincus de ses avantages en matière de réduction des émissions de carbone et de création d'emplois pour soutenir son développement. Cela nécessite une communication transparente sur les risques et les avantages associés à cette technologie, ainsi qu'une réglementation appropriée pour garantir son utilisation sûre et responsable.

Bien que l'hydrogène bleu présente un grand potentiel pour réduire les émissions de carbone dans divers secteurs, il est confronté à plusieurs défis importants qui doivent être surmontés pour favoriser son adoption à grande échelle. En investissant dans la recherche et le développement de technologies de capture et de stockage du CO2 plus efficaces, en améliorant l'infrastructure et en promouvant des politiques favorables, nous pouvons surmonter ces défis et exploiter pleinement le potentiel de l'hydrogène bleu pour une transition vers une économie bas carbone.

94 - Les avantages de l'hydrogène vert pour l'environnement

L'hydrogène vert est devenu une solution de plus en plus prisée dans la lutte contre le changement climatique et la réduction des émissions de gaz à effet de serre. En utilisant des sources d'énergie renouvelables telles que l'énergie solaire et éolienne pour produire de l'hydrogène par électrolyse de l'eau, l'hydrogène vert offre de nombreux avantages pour l'environnement.

L'un des principaux avantages de l'hydrogène vert est sa capacité à réduire les émissions de carbone. Contrairement à l'hydrogène produit à partir de combustibles fossiles, qui génère des émissions de CO_2 lors de sa production, l'hydrogène vert est produit en utilisant des sources d'énergie renouvelables, ce qui le rend neutre en carbone. En utilisant l'électricité d'origine renouvelable pour l'électrolyse de l'eau, l'hydrogène vert permet de réduire significativement les émissions de gaz à effet de serre tout au long de son cycle de vie.

L'hydrogène vert contribue à une utilisation plus durable des ressources naturelles. En utilisant l'énergie solaire et éolienne, qui sont des ressources renouvelables et abondantes, pour produire de l'hydrogène, nous réduisons notre dépendance aux combustibles fossiles non renouvelables tels que le charbon, le pétrole et le gaz naturel. Cela contribue à préserver les ressources limitées de la planète et à protéger les écosystèmes fragiles contre les effets néfastes de l'exploitation minière et de l'extraction de combustibles fossiles.

En remplaçant les combustibles fossiles polluants par de l'hydrogène vert dans divers secteurs, tels que les transports et l'industrie, nous pouvons améliorer la qualité de l'air et réduire la pollution atmosphérique. Contrairement aux combustibles fossiles, l'utilisation de l'hydrogène vert ne produit pas de particules fines, d'oxydes d'azote ou de polluants atmosphériques nocifs, ce qui contribue à préserver la santé humaine et à réduire les maladies respiratoires et les problèmes de santé associés à la pollution de l'air.

L'hydrogène vert offre une opportunité de diversification de l'approvisionnement énergétique en introduisant une nouvelle source d'énergie propre et durable dans le mix énergétique. En diversifiant nos sources d'énergie, nous pouvons réduire notre dépendance aux combustibles fossiles importés et aux fluctuations des prix sur les marchés mondiaux de l'énergie. De plus, l'hydrogène vert peut être produit localement, ce qui renforce la sécurité énergétique et crée des emplois dans les communautés locales.

Un autre avantage de l'hydrogène vert est sa facilité d'intégration dans les infrastructures énergétiques existantes. Les piles à combustible alimentées par de l'hydrogène peuvent être utilisées pour fournir de l'électricité et de la chaleur dans une variété d'applications, y compris les véhicules, les bâtiments et les industries. De plus, l'hydrogène vert peut être injecté dans les réseaux de gaz naturel existants ou utilisé pour produire de l'ammoniac et d'autres produits chimiques, ce qui offre une flexibilité dans son utilisation et sa distribution.

En favorisant le développement de nouvelles technologies propres et durables, telles que l'électrolyse de l'eau et les piles à combustible, l'hydrogène vert agit comme un catalyseur pour l'innovation et la croissance économique. L'investissement dans la recherche et le développement de technologies de production, de stockage et de distribution de l'hydrogène crée des opportunités pour les entreprises, stimule l'emploi dans le secteur des énergies renouvelables et renforce la compétitivité économique à long terme.

L'hydrogène vert offre de nombreux avantages pour l'environnement en réduisant les émissions de carbone, en favorisant une utilisation plus durable des ressources, en améliorant la qualité de l'air, en diversifiant l'approvisionnement énergétique, en facilitant l'intégration dans les infrastructures existantes et en stimulant l'innovation et la croissance économique. En investissant dans cette technologie prometteuse et en encourageant son adoption à grande échelle, nous pouvons accélérer la transition vers une économie plus propre, plus résiliente et plus durable pour les générations futures.

95 - Les partenariats publics-privés pour promouvoir l'hydrogène

Les partenariats publics-privés jouent un rôle crucial dans la promotion de l'hydrogène en tant que source d'énergie propre et durable. Ces collaborations entre les gouvernements, les entreprises, les institutions de recherche et la société civile visent à accélérer le développement, le déploiement et l'adoption de technologies de l'hydrogène.

Les partenariats publics-privés offrent une plateforme pour stimuler l'innovation et la recherche dans le domaine de l'hydrogène. En réunissant les ressources et l'expertise des secteurs public et privé, ces collaborations peuvent financer des projets de recherche et de développement, des démonstrations technologiques et des pilotes d'essai pour accélérer la commercialisation de technologies de l'hydrogène innovantes. Cela permet de surmonter les obstacles technologiques et de favoriser l'émergence de solutions rentables et durables.

Les partenariats publics-privés facilitent également le financement et l'investissement dans les projets liés à l'hydrogène. En fournissant des incitations financières, telles que des subventions, des prêts à taux préférentiel et des garanties de prêt, les gouvernements peuvent encourager les entreprises à investir dans des projets d'hydrogène à long terme. De plus, les partenariats publics-privés peuvent créer un environnement favorable à l'investissement en fournissant des informations sur les politiques, les réglementations et les opportunités de marché.

Les partenariats publics-privés favorisent la collaboration sur le développement des infrastructures nécessaires à la production, au stockage, à la distribution et à l'utilisation de l'hydrogène. Cela comprend la construction de stations de ravitaillement en hydrogène, de réseaux de distribution d'hydrogène, d'installations de production d'hydrogène et de systèmes de stockage d'hydrogène. En travaillant ensemble, les gouvernements et les entreprises peuvent identifier les besoins en infrastructures, éliminer les obstacles réglementaires et promouvoir les normes et les réglementations pour assurer l'interopérabilité et la sécurité des infrastructures d'hydrogène.

Les partenariats publics-privés jouent un rôle crucial dans la sensibilisation et l'éducation du public sur les avantages de l'hydrogène en tant que source d'énergie propre et durable. En menant des campagnes d'information, des programmes éducatifs et des événements de sensibilisation, ces collaborations peuvent aider à surmonter les perceptions négatives et à promouvoir une compréhension plus large de l'hydrogène et de ses applications. Cela peut également encourager les citoyens et les entreprises à adopter l'hydrogène comme une solution viable pour réduire les émissions de carbone et lutter contre le changement climatique.

Les partenariats publics-privés contribuent à développer des marchés et des politiques favorables à l'hydrogène. En collaborant avec les gouvernements, les entreprises peuvent influencer les politiques énergétiques, fiscales et environnementales pour encourager l'utilisation de l'hydrogène dans divers secteurs, tels que les transports, l'industrie et la production d'électricité. De plus, les partenariats publics-privés peuvent faciliter la création de marchés pour les produits et services liés à l'hydrogène en soutenant la demande des consommateurs et en encourageant l'adoption de politiques d'achat vertes.

Enfin, les partenariats publics-privés peuvent favoriser la collaboration internationale sur les initiatives liées à l'hydrogène. En échangeant des connaissances, des meilleures pratiques et des technologies avec d'autres pays, les gouvernements et les entreprises peuvent accélérer le développement de l'hydrogène à l'échelle mondiale. Cela peut conduire à des partenariats stratégiques, des accords commerciaux et des projets de coopération bilatérale ou multilatérale pour promouvoir l'adoption de l'hydrogène comme une source d'énergie propre et durable.

Les partenariats publics-privés sont essentiels pour promouvoir l'hydrogène en tant que solution énergétique viable et durable. En collaborant sur l'innovation, le financement, les infrastructures, la sensibilisation du public, le développement des marchés et des politiques, ainsi que la coopération internationale, les gouvernements et les entreprises peuvent créer un environnement propice à la croissance de l'hydrogène et à son adoption à grande échelle. Cela contribuera à accélérer la transition vers une économie bas carbone et à atteindre les objectifs de développement durable à l'échelle mondiale.

96 - L'hydrogène dans l'avenir de l'énergie

L'hydrogène est de plus en plus considéré comme un acteur majeur dans l'avenir de l'énergie, offrant des perspectives prometteuses pour une transition vers un système énergétique plus propre, plus durable et plus diversifié.

L'hydrogène présente plusieurs avantages qui en font un candidat attrayant pour l'avenir de l'énergie :

- Zéro émission : L'hydrogène peut être produit à partir de sources d'énergie renouvelables telles que l'énergie solaire et éolienne, ce qui en fait une source d'énergie propre et respectueuse de l'environnement, sans émissions de CO_2 lors de son utilisation.

- Stockage efficace : L'hydrogène peut servir de vecteur d'énergie efficace pour stocker et transporter l'électricité produite à partir de sources intermittentes telles que le soleil et le vent, ce qui résout le problème de l'intermittence des énergies renouvelables.

- Polyvalence : L'hydrogène peut être utilisé dans une large gamme d'applications, y compris les transports, l'industrie, la production d'électricité et le chauffage, ce qui en fait une solution polyvalente pour divers secteurs.

- Réduction de la dépendance aux combustibles fossiles : En remplaçant les combustibles fossiles dans divers secteurs, l'hydrogène peut contribuer à réduire la dépendance aux ressources non renouvelables et à atténuer les risques liés à la volatilité des prix et à l'instabilité géopolitique.

L'hydrogène offre de nombreuses applications potentielles dans l'avenir de l'énergie, notamment :

- Transport propre : L'hydrogène peut être utilisé comme carburant pour les véhicules à pile à combustible, offrant une alternative propre aux véhicules à moteur à combustion interne et contribuant à réduire les émissions de gaz à effet de serre dans le secteur des transports.

- Stockage d'énergie : L'hydrogène peut être utilisé comme moyen de stockage d'énergie à grande échelle pour compenser les fluctuations de l'offre et de la demande d'électricité, permettant une utilisation plus efficace des énergies renouvelables.

- Chauffage industriel : L'hydrogène peut être utilisé comme combustible dans les procédés industriels, remplaçant les combustibles fossiles et réduisant les émissions de carbone dans l'industrie.

- Production d'électricité : L'hydrogène peut être utilisé dans des piles à combustible pour produire de l'électricité de manière propre et efficace, offrant une solution de rechange aux centrales électriques conventionnelles alimentées par des combustibles fossiles.

Malgré ses avantages et ses applications potentielles, l'hydrogène est confronté à des défis qui doivent être relevés pour son intégration dans l'avenir de l'énergie :

- Coûts élevés : La production, le stockage et la distribution de l'hydrogène sont souvent coûteux par rapport aux combustibles fossiles, ce qui limite son adoption à grande échelle.

- Infrastructures inadaptées : Les infrastructures nécessaires pour produire, stocker, transporter et utiliser l'hydrogène ne sont pas encore pleinement développées, ce qui constitue un obstacle majeur à son déploiement.

- Soutien politique et réglementaire : L'hydrogène nécessite un soutien politique et réglementaire pour stimuler son développement et son adoption, notamment par le biais de politiques d'incitation, de réglementations favorables et de financements publics.

L'hydrogène offre un potentiel considérable pour jouer un rôle important dans l'avenir de l'énergie en tant que source d'énergie propre, polyvalente et efficace. Cependant, pour réaliser pleinement ce potentiel, il est essentiel de relever les défis liés aux coûts, aux infrastructures et au soutien politique. En investissant dans la recherche, le développement et la mise en œuvre de technologies de l'hydrogène, ainsi qu'en établissant des politiques favorables et des partenariats publics-privés, nous pouvons accélérer la transition vers un avenir énergétique plus durable et résilient.

97 - Les domaines actuels de recherche

Les recherches actuelles sur l'hydrogène sont multiples et se concentrent sur plusieurs domaines clés, visant à améliorer la production, le stockage, la distribution et l'utilisation de l'hydrogène en tant que source d'énergie propre et durable.

La production d'hydrogène est un domaine de recherche important, visant à développer des technologies efficaces, rentables et respectueuses de l'environnement pour produire de l'hydrogène à partir de diverses sources. Les recherches se concentrent sur des méthodes telles que l'électrolyse de l'eau, le reformage du méthane, la gazéification de la biomasse, la photolyse de l'eau et d'autres processus de production d'hydrogène à partir de sources renouvelables et non renouvelables. L'objectif est de réduire les coûts, d'augmenter l'efficacité et de minimiser les émissions de carbone tout au long du processus de production.

Le stockage d'hydrogène est un défi majeur pour son utilisation à grande échelle dans divers secteurs. Les recherches se concentrent sur le développement de méthodes de stockage sûres, efficaces et économiques pour stocker de grandes quantités d'hydrogène sous forme gazeuse, liquide ou solide. Cela comprend le stockage dans des réservoirs haute pression, des réservoirs cryogéniques, des matériaux d'absorption, des hydrures métalliques et d'autres technologies de stockage avancées.

La distribution d'hydrogène est un autre défi majeur à relever pour son adoption à grande échelle. Les recherches se concentrent sur le développement de réseaux de distribution sûrs, fiables et efficaces pour transporter l'hydrogène des sites de production aux sites de consommation. Cela comprend le développement de pipelines d'hydrogène, de stations de ravitaillement en hydrogène et d'autres infrastructures de distribution adaptées aux besoins des différents secteurs utilisant l'hydrogène.

Les recherches sur l'utilisation de l'hydrogène se concentrent sur plusieurs applications clés, y compris les transports, l'industrie, la production d'électricité et le chauffage. Cela comprend le développement de technologies de pile à combustible plus efficaces et abordables pour les véhicules à hydrogène, les équipements industriels et les systèmes de production d'électricité. Les recherches visent également à optimiser les processus industriels pour une utilisation plus efficace de l'hydrogène dans diverses applications.

Une autre ligne de recherche importante concerne l'intégration de l'hydrogène avec les énergies renouvelables telles que l'énergie solaire et éolienne. Les recherches se concentrent sur le développement de systèmes intégrés pour produire de l'hydrogène à partir d'énergies renouvelables, stocker l'hydrogène excédentaire et utiliser l'hydrogène pour compenser les fluctuations de l'offre et de la demande d'électricité.

Enfin, les recherches sur l'hydrogène se concentrent également sur la sécurité et la durabilité de son utilisation. Cela comprend l'évaluation des risques associés à la production, au stockage, à la distribution et à l'utilisation de l'hydrogène, ainsi que le développement de normes et de réglementations pour assurer sa sécurité. Les recherches se penchent également sur les impacts environnementaux de l'hydrogène tout au long de son cycle de vie, afin de garantir qu'il contribue réellement à la réduction des émissions de carbone et à la protection de l'environnement.

Les recherches actuelles sur l'hydrogène couvrent un large éventail de domaines, allant de la production et du stockage à la distribution, à l'utilisation et à l'intégration avec les énergies renouvelables. En investissant dans ces domaines de recherche, nous pouvons accélérer le développement et l'adoption de l'hydrogène en tant que source d'énergie propre et durable, contribuant ainsi à la lutte contre le changement climatique et à la transition vers un avenir énergétique plus durable.

98 - L'hélium peut-il concurrencer l'hydrogène

L'hélium et l'hydrogène sont deux gaz inertes présents dans l'univers, mais ils diffèrent considérablement par leurs propriétés physiques et leurs applications potentielles.

L'hélium est un gaz noble, inodore, incolore et non toxique, tandis que l'hydrogène est un gaz inflammable, incolore et inodore dans sa forme pure. L'hélium est plus léger que l'air, ce qui lui confère des applications dans le remplissage des ballons et la cryogénie. En revanche, l'hydrogène est le gaz le plus léger et possède un potentiel énergétique élevé en tant que carburant.

L'hélium est principalement utilisé dans l'industrie de la cryogénie pour refroidir les aimants superconducteurs, dans l'industrie aérospatiale pour pressuriser les réservoirs de carburant et dans l'industrie médicale pour les procédures d'imagerie par résonance magnétique (IRM). Il est également utilisé dans l'industrie électronique pour purger les équipements sensibles.

L'hydrogène est principalement utilisé dans l'industrie pétrochimique pour la production d'ammoniac et de méthanol, ainsi que dans l'industrie alimentaire pour l'hydrogénation des huiles végétales. Il est également utilisé comme combustible dans les véhicules à hydrogène, les piles à combustible et les applications de stockage d'énergie.

Bien que l'hélium soit actuellement utilisé dans diverses applications industrielles et scientifiques, ses réserves sont limitées et son exploitation est coûteuse. Cependant, de nouvelles technologies d'extraction et de récupération de l'hélium pourraient améliorer son accessibilité et son utilisation dans le futur, notamment dans les applications de refroidissement et d'aérospatiale.

L'hydrogène suscite un intérêt croissant en tant que source d'énergie propre et renouvelable, en particulier dans les applications de transport, de stockage d'énergie et de production industrielle. Des progrès significatifs ont été réalisés dans le développement de technologies de production, de stockage et d'utilisation de l'hydrogène, ouvrant la voie à une utilisation plus répandue et plus diversifiée dans le futur.

Bien que l'hélium et l'hydrogène aient des applications différentes et des perspectives futures distinctes, ils partagent certains traits communs en tant que gaz légers et inertes. Alors que l'hélium est largement utilisé dans des applications spécifiques nécessitant ses propriétés uniques, l'hydrogène offre un potentiel énergétique plus large et une variété d'applications dans différents secteurs.

Ainsi, bien que l'hélium et l'hydrogène soient deux gaz importants avec des caractéristiques distinctes et des utilisations spécifiques, ils ne suivent pas nécessairement la même trajectoire en termes d'avenir. Tandis que l'hélium continuera probablement à être utilisé dans des applications spécialisées où ses propriétés sont indispensables, l'hydrogène est susceptible de jouer un rôle de plus en plus important en tant que source d'énergie propre et polyvalente dans le futur énergétique.

99 - L'hydrogène dans la culture populaire

L'hydrogène, avec ses propriétés uniques et son potentiel révolutionnaire, a captivé l'imagination des gens à travers les âges, le propulsant au-devant de la scène dans divers aspects de la culture populaire. De la littérature à la musique, en passant par le cinéma et les jeux vidéo, examinons comment l'hydrogène a trouvé sa place dans la culture populaire.

L'hydrogène apparaît souvent dans la littérature de science-fiction comme un élément crucial pour la propulsion des vaisseaux spatiaux et la colonisation de l'espace. Des auteurs tels qu'Arthur C. Clarke et Isaac Asimov ont régulièrement intégré l'hydrogène dans leurs récits, le décrivant comme une source d'énergie inépuisable et essentielle pour l'exploration interplanétaire.

L'hydrogène a également inspiré des artistes musicaux. Des chansons comme "Hydrogen" du groupe M.O.O.N. et "Hydrogen Sonata" du compositeur Murray Gold ont exploré le thème de l'hydrogène dans leurs paroles et leurs mélodies, ajoutant une dimension futuriste et cosmique à leur œuvre.

Au cinéma, l'hydrogène a souvent été représenté dans des films de science-fiction et d'aventure spatiale. Des œuvres emblématiques telles que "2001: l'Odyssée de l'espace" de Stanley Kubrick et "Interstellar" de Christopher Nolan ont toutes deux mis en avant l'hydrogène comme élément central de l'exploration spatiale et de la survie de l'humanité.

Les jeux vidéo ont également exploré le potentiel de l'hydrogène. Des titres comme "Kerbal Space Program" permettent aux joueurs de concevoir et de lancer leurs propres fusées propulsées par de l'hydrogène, tandis que des jeux de science-fiction tels que "Mass Effect" intègrent souvent l'hydrogène dans leurs univers fictifs comme source d'énergie et de carburant.

La bande dessinée et les mangas ont également utilisé l'hydrogène comme élément narratif. Des séries telles que "Astro Boy" et "Gundam" ont souvent mis en scène des batailles spatiales alimentées par des technologies à base d'hydrogène, ajoutant une dimension de réalisme scientifique à leurs récits futuristes.

L'hydrogène a également trouvé sa place dans la publicité et la culture visuelle. Des logos d'entreprises innovantes dans le domaine de l'énergie propre et de la technologie utilisent souvent des symboles d'hydrogène pour communiquer leurs valeurs de durabilité et d'innovation.

Des festivals et des événements culturels mettent parfois en avant l'hydrogène dans le cadre de leurs programmes. Des expositions scientifiques interactives et des conférences sur l'énergie propre peuvent inclure des démonstrations sur la production et l'utilisation de l'hydrogène, sensibilisant ainsi le public à cette technologie émergente.

Enfin, l'hydrogène est devenu un sujet de conversation courant, en particulier dans les cercles intéressés par les technologies propres et l'avenir de l'énergie. Des discussions sur les voitures à hydrogène aux applications potentielles de l'hydrogène dans l'industrie et la vie quotidienne, cet élément chimique suscite un vif intérêt et alimente les conversations sur les solutions durables pour l'avenir.

L'hydrogène a transcendé les frontières de la science pour devenir un élément intégré à la culture populaire. De la littérature à la musique, en passant par le cinéma et les jeux vidéo, il continue d'inspirer l'imagination des gens et de stimuler la réflexion sur les possibilités futures offertes par cette ressource abondante et prometteuse.

100 - Les visions futuristes de l'hydrogène

Dans l'imaginaire collectif et parmi les experts, l'hydrogène incarne souvent une vision futuriste et révolutionnaire dans le domaine de l'énergie. Cette vision explore les possibilités extraordinaires qu'offre l'hydrogène dans la transformation de nos sociétés vers des systèmes énergétiques plus propres, plus efficaces et plus durables.

Une vision majeure de l'avenir de l'hydrogène est celle d'un vecteur énergétique universel, capable de répondre aux besoins énergétiques dans tous les secteurs de l'économie. Dans cette vision, l'hydrogène est produit à partir de sources renouvelables telles que l'énergie solaire et éolienne, puis stocké et distribué à grande échelle pour alimenter des applications diverses, allant des transports aux processus industriels en passant par la production d'électricité.

Une autre vision futuriste de l'hydrogène concerne les transports, où l'hydrogène est utilisé comme carburant pour les véhicules à pile à combustible. Dans cette vision, les voitures, les camions, les trains et même les avions sont propulsés par des piles à combustible alimentées par de l'hydrogène, offrant ainsi une alternative propre et durable aux moteurs à combustion interne et contribuant à réduire les émissions de carbone dans le secteur des transports.

Une vision futuriste passionnante est celle des villes intelligentes alimentées par l'hydrogène, où les réseaux d'énergie sont interconnectés pour maximiser l'efficacité et la durabilité. Dans cette vision, l'hydrogène est utilisé pour stocker et redistribuer l'énergie électrique excédentaire produite par les énergies renouvelables, fournissant ainsi une source d'énergie fiable et résiliente pour les habitants des villes du futur.

Une autre vision fascinante est celle de l'industrie du futur, où l'hydrogène remplace les combustibles fossiles dans les processus de production et de fabrication. Dans cette vision, les usines et les installations industrielles utilisent de l'hydrogène propre pour alimenter leurs opérations, réduisant ainsi les émissions de carbone et contribuant à une production plus durable et respectueuse de l'environnement.

Enfin, une vision futuriste encore plus lointaine est celle de l'hydrogène propulsant nos efforts d'exploration spatiale. Dans cette vision, l'hydrogène est utilisé comme carburant pour les fusées et les véhicules spatiaux, permettant des voyages interplanétaires et une exploration plus profonde de l'univers. Cette utilisation de l'hydrogène dans l'espace pourrait ouvrir de nouvelles frontières et ouvrir la voie à des découvertes scientifiques et technologiques révolutionnaires.

Ces visions futuristes de l'hydrogène offrent un aperçu excitant des possibilités et des promesses qu'offre cette molécule polyvalente dans la transformation de nos systèmes énergétiques et de nos modes de vie. Cependant, pour réaliser pleinement ces visions, des investissements massifs dans la recherche, le développement et l'infrastructure seront nécessaires, ainsi qu'un engagement politique fort en faveur de la transition vers une économie de l'hydrogène propre et durable. En poursuivant ces objectifs, nous pouvons créer un avenir où l'hydrogène joue un rôle central dans la création d'un monde plus propre, plus sûr et plus prospère pour les générations futures.

Date de publication

Avril 2024

Droits d'Auteur

© 2024 Max Alecha. Tous droits réservés.

Aucune partie de ce livre ne peut être reproduite, distribuée ou transmise sous quelque forme que ce soit, électronique, mécanique, photocopiée, enregistrée ou autre, sans l'autorisation préalable écrite de l'auteur.

Ce livre est destiné à des fins d'information uniquement. Les informations contenues dans ce livre sont fournies sans garantie d'exactitude, d'exhaustivité ou de pertinence. L'auteur et l'éditeur ne seront en aucun cas responsables des erreurs, omissions ou actions résultant de l'utilisation de ces informations.

Crédit

Image par Gerd Altmann de Pixabay

www.ingramcontent.com/pod-product-compliance
Lightning Source LLC
Chambersburg PA
CBHW052142220526
45471CB00004B/1486